中国生猪产业智能化
创新与发展

陈红跃　唐中林　何鑫淼　朱 燕　何道领　主编

 中国农业科学技术出版社

图书在版编目（CIP）数据

中国生猪产业智能化创新与发展 / 陈红跃等主编 . -- 北京：中国农业科学技术出版社，2023.9

ISBN 978-7-5116-6392-4

Ⅰ.①中… Ⅱ.①陈… Ⅲ.①智能技术－应用－养猪业－产业发展－研究－中国 Ⅳ.① F326.33–39

中国国家版本馆 CIP 数据核字（2023）第 152244 号

责任编辑　张国锋
责任校对　马广洋
责任印制　姜义伟　王思文

出 版 者　中国农业科学技术出版社
　　　　　北京市中关村南大街 12 号　　邮编：100081
电　　话　（010）82109705（编辑室）　（010）82109702（发行部）
　　　　　（010）82109709（读者服务部）
网　　址　https://castp.caas.cn
经 销 者　各地新华书店
印 刷 者　北京富泰印刷有限责任公司
开　　本　170 mm×240 mm　1/16
印　　张　11.25
字　　数　170 千字
版　　次　2023 年 9 月第 1 版　2023 年 9 月第 1 次印刷
定　　价　80.00 元

《中国生猪产业智能化创新与发展》

主持单位	中国种猪信息网
	《猪业科学》超级编辑部
主编单位	重庆市生猪产业技术体系
	中国农业科学院深圳农业基因组研究所
	佛山鲲鹏现代农业研究院
	黑龙江省农业科学院畜牧研究所
	重庆市畜牧技术推广总站
参加单位	上海互牧信息科技有限公司
	福州微猪信息科技有限公司
	青岛不愁网信息科技有限公司
	成都英孚克斯科技有限公司
主　　编	陈红跃　唐中林　何鑫淼　朱　燕
	何道领
副主编	胡　伟　唐　超　单　虎
编　　者	刘小苗　高志勇　商明涛　刘　莹
	李林铮　周世昆　牟彬彬　乔春玲
	单一恒　张　敏　张洪亮
总 策 划	孙德林

前　言

我国正在加快推进新型基础设施建设，着力完善要素市场化配置，激发全社会的创造力和市场活力。

回溯近 10 年发展，中国生猪产业历经 2016 年环保整治，2018 年非洲猪瘟疫情，2020 年新冠肺炎疫情及两年来俄乌冲突，在习近平新时代中国特色社会主义思想指导下，在全体生猪从业者的共同努力下，中国养猪业披荆向前，跨越一个个难关，并向着高质量发展不断迈进。

特别是从传统养殖到规模养殖，再到以信息技术和自动化设备为主的自动化养殖，现代养殖技术经历了一次又一次的迭代与升级。如今，以大数据、物联网、人工智能、区块链等为导向的智慧化养殖技术不断深入养猪行业，为我国养猪业的发展带来质的突破。

我们欣喜地看到，现代化猪场逐步取代高能耗、低产能猪场，智能化与数字化养猪成为主流；信息技术、云技术、物联网技术在猪场得到广泛应用，涌现出大量智慧猪场。在智能化与数字化管理方法推动下，我国养猪生产水平从 10 年前的每头母猪提供 14 头商品猪到 2021 年的 20 头，成果斐然。本书邀请近百家智能化制造、软件开发设计、数字化管理与开发研究机构、专业公司、大型养猪企业，全面梳理近 5 年来中国生猪产业在智能化、数字化、智慧化发展道路上所取得的成果，并对关键技术进行总结。目的是抓重点、突破难点、拥抱中国生猪产业创新效益增长点。

本书分为三篇。其中第一篇（基本理论）第一章数字经济理论与实践由陈红跃、朱燕、何道领编写；第二章数字经济与智能化养猪由单虎、单一恒、张敏和张洪亮 编写。第二篇（中国猪场数字化管理）第一章猪场软件系统案例分析由上海互牧公司编写，第二章数字化养猪管理平台解决方案由福州微猪信息科技有限公司编写，第三章猪场饲料数字化管理由成都英孚克斯科技有限公司编写，第四章猪场全精细化生产链管控平台由成都英孚克斯公司编写，第五章智能化洗消系统开发由青岛不愁网信息科技有限公司编写，第六章智能化供料系统由成都英孚克斯科技有限公司编写，第七章中小型企业猪场数字化展示与管理由唐中林、胡伟、唐超编写，第三篇（中国生猪产业智能化装备创新平台）由陈红跃、何鑫淼、朱燕、何道领编写。刘小苗、高志勇、商明涛、刘莹、李林铮、周世昆、牟彬彬、乔春玲搜集了大量资料。

本书是一本系统反映近 10 年来，中国生猪产业智能化装备与数字化管理的工具书。本书由中国种猪信息网 &《猪业科学》超级编辑部孙德林担任总策划，重庆市生猪产业技术体系、中国农业科学院深圳农业基因组研究所、佛山鲲鹏现代农业研究院、黑龙江省农业科学院畜牧研究所和重庆市畜牧技术推广总站担任主编单位，近 130 家生猪产业智能化装备企业和数字化管理系统研发企业参与编写。

本书编写历时 2 年，150 家生猪产业智能化装备企业和数字化管理系统研发企业提供了大量资料，中国种猪信息网 &《猪业科学》超级编辑部和有关科研单位将这些资料整理成书，工作量之大，可想而知，在此，十分感谢为此书付出劳动的全体编撰人员与制作人员。书中不尽人意之处，期待再版修订完善。

孙德林

2023 年 8 月于北京

目 录

第一篇 基本理论

第二篇 中国猪场数字化管理

第三篇　中国生猪产业智能化装备创新平台

第一篇

基本理论

第一章　数字经济理论与实践

第一节　数字经济新时代

养猪业数字经济就是合理规划数据，有效使用数据，发挥数据在养猪生产中的作用。特别是要合理利用资源，对生产各环节进行资源有效匹配。例如，在生产体系内部，合理安排母猪配种时间，减少母猪非生产时间（21d 断奶比 28d 断奶，非生产时间减少 7d）。如果根据背膘厚度，实施精准背膘管理与配种，对于母猪多产仔极有好处。在体系外部，实施精准通风、除湿、除臭、降温和光照，猪只生产最大限度发挥作用。通过精准给予外部条件，每头母猪 PSY、MSY 都发挥到极致，这些外部条件给予一定是要实施智能化、自动化，不是人为手工操作。

养猪业智能化就是把养猪生产工艺、管理技术，通过物联网来实现少量人工参与，多是通过有线、无线传输，把养猪生产各环节紧密联系起来。

（1）通过智能化设备，如机器人，实现替代人手操作；

（2）通过养猪生产中种猪管理实现智能优选后备种猪，通过精准查情，达到 100% 配种，最大限度发挥母猪遗传潜力，实现提前、多生、优生；

（3）通过智能化同期发情与精准判断排卵，实现母猪批次来、批次走（母猪批次化管理智能化）；

（4）在仔猪生产各环节，通过智能化设备对猪群成长情况进行管理，大小区分（分拣系统）、大小营养差异化与各自精准投料（智能化精准投料）；

（5）在猪群管理方面更需智能化，通过智能化巡检系统，发现可疑情况及时处理；

（6）在种猪表型测定方面，通过精准智能称重设备扫描进行体重与体尺等重要性状评估，为遗传评估提供精确的表型信息；

（7）在种猪选种选配方面，尤其是基因组精准遗传评估，利用机器学习与深度学习等方法建立数学模型，可大大提高选种选配准确性，实现种猪的精准选种与选配。

数字经济的核心是智能化管理，把人的思想和算法植入到智能化设备上，让设备实现对猪的管理，做到人想要什么，就能实现什么。猪场通过数字化管理获得经济利益最大化。

（1）精准查情系统。过去都是人工查情，费事费力、系统误差很大（个人经验），后来用公猪查情，但疫情原因也难以实现。可以把母猪发情指标定义在一个范围，获得100%查情，100%精准查情可以实现100%配种，这样由原来配种分娩率85%提高到100%，这15%的贡献就是数字管理带来的效益。

（2）精准投料。对后备母猪需要限制饲喂，对生猪育肥猪需要区分对待，许万根开发的一款设备就可以实现精准投料，由粗放养猪走向精准养猪。分拣系统可控制猪的体重，使上市猪体重近乎一致，便于屠宰、分割，养猪慢慢走向标准化和工业化，产品一致性好。

（3）环境控制。对猪只生长环境如风量、风速、温度、湿度、光照、有害气体等控制一致，按照猪只不同生长阶段进行精准测算，通过物联网技术给予良好供给。

过去数字化管理是靠纸记录下来，现在大多数人都2部手机。比如，核酸检测都是用手机扫描身份证，信息直接传到系统内；在饭店点餐也是手机扫码来操作。养猪生产数字化管理可以在手机上实现。生产数据记录的搜集，手机扫描；种猪测定数据记录也是通过手机用WiFi与电子秤连接；外部环境控制也是手机控制；全部生产系统都用手机控制。现代企业家都是时尚达人，很多年轻猪场管理者都是可以在手机屏幕上查看报表。猪只异常现象通过轨道扫描机器人，通过无线WiFi连接到手机上，通过视频迅速找到发病猪栏位及锁定大致位置。

第二节　智能化是什么？

智能化是指事物在计算机网络、大数据、物联网和人工智能等技术的支持下，所具有的能满足人的各种需求的属性。智能化是现代人类文明发展的趋势，随着现代通信技术、计算机网络技术以及现场总线控制技术的飞速发展，数字化、网络化和信息化正日益融入人们的生活。停车扫码、快递扫码、购物扫码、用餐扫码等日常生活支付基本上都已经离不开智能手机，智能化已经成为我们生活的重要内容。

第三节　为什么生猪产业要实现智能化?

近 10 年来，在党和政府的领导下，大力推广 5G 技术、区块链技术、物联网技术，从生活到生产，无处不感受到新技术的冲击力，也必然拉动养猪生产的信息化崛起。

10 年来，中国生猪产业向智能化和数字化迈进，从 10 年前引进、消化到 10 年后的吸收、集成与再创新，中国有了自主知识产权的智能化装备和软件信息平台系统。

10 年间，中国生猪产业发生巨变，MSY 从 10 年前 14 头到现在 20 头，这种技术进步实属信息化技术的贡献居多。

10 年里，中国整改了一批高污染、产能落后的养猪企业，创造了一批国际先进水平和高效养猪企业，大面积使用智能化装备和信息化数据管理系统。

这 10 年，中国诞生了一批敢于担当、大胆实践、勇于创新的优秀养猪企业家，把工业化信息处理技术搬到猪场，建设一批又一批适合生猪产业高质量发展的猪场。他们敢成为"第一个吃螃蟹的人"，是开路先锋，是排头兵、突击队。

同时，以中国畜牧兽医学会信息技术分会核心专家团队的中青年科学家们在实践中学习，向企业家学习，向相关学科学习，引导、集成多学科知识、人才、资源，走产学研融合之路，大胆创新，建设了一个又一个智慧猪场。

回顾 10 年，生猪产业经历了 2016 年环保整治，关闭了一批产能落后猪场，建设了一批自动化、智能化猪场；5 年来，生猪产业经历 2018 年非洲猪瘟疫情的影响，生猪产能出现了 10 年新低，在党的正确领导下，快速实现恢复；3 年来，我们又遭受新冠疫情，出现了饲料原料涨价、消费不畅、市场低迷，生猪产业调整了战略布局与结构；近两年来，俄乌冲突出现，国际豆粕、玉米价格快速上涨，导致养猪效益下降。

在这 10 年，一次打击、一次危机、一次影响不仅没有摧毁中国生猪产业，相反，在以习近平同志为核心的党中央领导下，建设了一大批以现代机械装备的智慧猪场，特别是在楼房猪场创新使用信息技术、云技术、物联网技术。如今，生猪产业发展出现创新、创造、创业大浪潮，探索出产教、产学深度融合的组织机制和激励机制，实现了人才聚合、技术集成和服务聚力，高效发挥了科学家品牌优势、多学科交叉融合，极力打通堵点、连接断点，引导技术、人才、数据等创新要素流向企业。

第二章　数字经济与智能化养猪

第一节　数字经济发展概况

数字经济是继农业经济、工业经济之后的主要经济形态，是以数据资源为关键要素，以现代信息网络为主要载体，以信息通信技术融合应用、全要素数字化转型为重要推动力，促进公平与效率更加统一的新经济形态。数字经济发展速度之快、辐射范围之广、影响程度之深，正推动生产方式、生活方式和治理方式深刻变革，成为重组全球要素资源、重塑全球经济结构、改变全球竞争格局的关键力量。

一、数字经济定义

数字经济是以信息和通信技术为基础，以信息网络为依托，利用互联网与数字化技术实现的经济活动总和。

数字经济即信息通信产业，数字产业化，包括5G、软件、AI、大数据技术、产品和服务等。

产业数字化，即传统产业应用数字技术所带来的产出增加和效率提升部分，包括工业互联网、智能制造、车联网等新产业新模式新业态。

数字化治理，以"数字技术＋治理"为典型特征的技管结合，包括数字政务、智慧城市等。

数据价值化，包括数据采集、数据确权、数据安全等。

二、全球数字经济发展概况

TIMG指数：是指从数字技术、数字基础建设、数字市场和数字治理四个维度衡量全球数字经济发展。旨在衡量近十年来全球数字经济发展动态，用于比较数字经济发展水平、制定数字战略、培育数字经济优势。

全球数字经济持续发展，TIMG 指数的平均得分从 2013 年的 45.33 上升至 2021 年的 57.01，增长幅度为 26%。

北美、亚太和西欧是数字经济发展水平较高的三大地区，东盟、西亚等亚洲其他地区和中东欧、独联体国家的数字经济发展处于中等水平，非洲等地的数字经济发展较为落后（数字经济的发展往往与一国的经济金融发展水平密切相关）。

从总指数来看，2021 年美国、新加坡、英国等是排名较高的国家，中国排第八位，如表 2-1 所示。

表 2-1　TIMG 指数的主要国家排名

排名	国家	TIMG 指数（2021）	TIMG 指数（2013）	相比 2013 年排名变化
1	美国	95.28	86.41	0
2	新加坡	87.55	75.69	1
3	英国	87.08	78.85	-1
4	德国	85.63	75.24	0
5	荷兰	84.19	73.69	2
6	日本	83.22	72.31	4
7	法国	81.84	72.43	2
8	中国	81.42	63.43	14
9	瑞士	81.31	69.69	4
10	韩国	80.95	71.39	2
11	芬兰	80.86	73.89	-6
12	加拿大	80.65	72.75	-4
13	瑞典	80.29	72.15	-2

数据来源：中国社会科学院金融研究所、国家金融与发展实验室、中国社会科学出版社联合发布《全球数字经济发展指数报告（TIMG 2023）》

三、中国数字经济发展概况

近年来中国数字经济发展趋势见图 2-1。

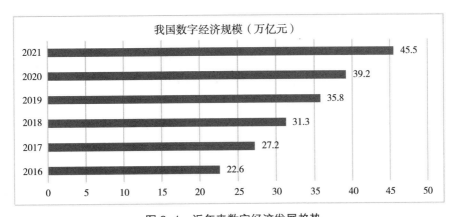

图 2-1　近年来数字经济发展趋势
数据来源：中国信息通信研究院发布了《中国数字经济产业发展报告（2022）》

数字经济结构分析见图 2-2。

图 2-2　数字经济结构分析

1. 我国数字经济发展实现"十四五"良好开端

中国信息通信研究院在《中国数字经济发展报告（2022 年）》中总结，2021 年，我国数字经济发展取得新突破，数字经济规模达到 45.5 万亿元，较"十三五"初期增长了一倍多，同比名义增长 16.2%，高于同期 GDP 名义增速 3.4 个百分点，占 GDP 比重达到 39.8%，数字经济在国民经济中的地位更加稳固，支撑作用更加明显。

2. 产业数字化主导地位持续巩固

国家统计局统计科学研究所所长闾海琪解读 2022 年我国经济发展新动能指数指出，数字化转型应用深入推进，新业态新模式助力线上线下消费有机融合，消费场景不断拓展，以直播电商为代表的新业态电商快速发展，拓展消费新渠道。生产领域电商交易规模持续扩大，大宗商品类平台通过优化供需匹配，助力企业扩展销售渠道，提升交易效率，加快企业服务线上化步伐。2022 年，我国电子商务市场规模再创新高，全国电子商务平台交易额 43.8 万亿元，按可比口径计算，比上年增长 3.5%；全国网上零售额 13.8 万亿元，按可比口径计算，比上年增长 4.0%，其中，实物商品网上零售额增长 6.2%，占社会消费品零售总额的比重为 27.2%，比上年提高 2.7 个百分点；全国网购替代率（线上消费对线下消费的替代比例）为 80.7%。跨境电商持续快速发展，截至 2022 年底，我国已设立 165 个电子商务综合试验区，基本形成陆海内外联动、东西双向互济的发展格局；2022 年我国跨境电子商务交易额实现 3.8 万亿元，比上年增长 74.3%。

3. 各地数字经济发展平稳推进

根据中国信息通信研究院数据可以得出以下结论。

（1）2021 年有 16 个省市区数字经济规模突破 1 万亿元，较上年增加 3 个，包括广东、江苏、山东、浙江、上海、北京、福建、湖北、四川、河南、河北、湖南、安徽、重庆、江西、辽宁等。

（2）从经济贡献看，北京、上海、天津等省市，数字经济已成为拉动地区经济发展的主导力量，数字经济 GDP 占比已超过 50%，此外，浙江、福建、广东、江苏、山东、重庆、湖北等省市区数字经济占比也超过全国平均水平。

（3）从发展速度看，贵州、重庆、江西、四川、浙江、陕西、湖北、甘肃、广西、安徽、山西、内蒙古、新疆、天津、湖南等省市区数字经济持续快速发展，增速超过全国平均水平，其中，贵州、重庆数字经济同比增速均超过 20%。

第二节　畜牧业数字化转型必要性

一、全球畜牧业数字化转型发展概况

从三产业数字经济渗透（图 2-3）可见，全球三二一产业数字经济持续渗透。受行业属性等因素影响，从全球看，数字技术在传统产业的应用率先在第三产业爆发、数字化效果最显著，在第二产业的应用效果有待持续释放，在第一产业的应用仍受到自然条件、土地资源等因素限制。2021 年，全球 47 个经济体第三产业、第二产业、第一产业数字经济增加值占行业增加值比重分别为 45.3%、24.3% 和 8.6%，分别较去年提升 1.3、0.8 和 0.6 个百分点。

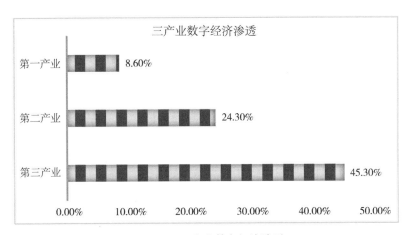

图 2-3 三产业数字经济渗透

数据来源：中国信息通信研究院发布了《中国数字经济产业发展报告（2022）》

发达国家产业数字化转型起步早、技术应用强、发展成效明显。在第一产业数字化方面，英国一产数字经济渗透率最高，超过30%，此外，德国、韩国、新西兰、法国、芬兰、美国、日本、新加坡、爱尔兰、丹麦、俄罗斯、中国、挪威等13个国家一产数字经济渗透率也高于47个国家平均水平。

二、我国畜牧业数字化转型发展概况

我国数据要素价值释放进入初级阶段，数据驱动经济发展的能力逐渐显现，根据中国信通院测算，我国数据对农业、工业、服务业经济发展的贡献度分别为0.07%、0.16%和1.07%，数据赋能产业发展仍有较大潜力。

近年来，我国畜牧业发展迅猛，养殖规模化、现代化水平不断提升，多种畜禽品种养殖量及畜禽产品产量居世界前列。伴随着畜牧业产业健康、可持续、高效发展的迫切需求，传统畜牧业转型、创新智慧畜牧业，加快推进畜牧业的现代化、信息化、数字化建设已成为畜牧业发展的重要一环，特别是资本及规模化养殖企业的快速发展，从事养殖的人才短缺加速智能化、数字化养殖的发展。

现代化畜牧业发展进程中，数字化转型及产业互联已是现代畜牧业发展的重要内容及方向。

三、数字经济赋能畜牧业高质量发展的机制

数字经济作为推动畜牧业高质量发展的新引擎，其作用机制主要表现为四个方面，即养殖智能化、生物特征数字化、服务平台化和治理现代化，数字经济赋能畜牧业高质量发展机制见图2-4。

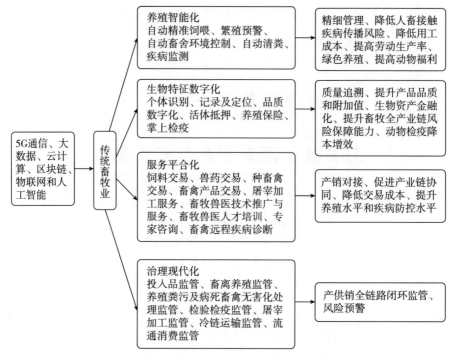

图 2-4 数字经济赋能畜牧业高质量发展机制

四、畜牧养殖业主痛点分析

1. 信息孤岛

环控系统、养殖数据管理、OA 办公系统、EQ 客户订单管理系统、ARS 应收账款系统等数据孤立、信息孤岛导致办公效率低下。

2. 数据风险

人工管理庞大生产数据费时费力易出错，且数据无法形成有效的闭环管理，历史数据存在利用率低、易丢失和保密风险。

3. 无法优化

由于数据没有信息化、数字化，导致无法进行有效分析，大量的宝贵数据无法融合分析和进入智慧决策程序，无法为工艺优化提供有力支持。

五、数字化养殖关键技术需求

1. 无线传感器网络

由传感节点、传感网络、用户及 PC 服务器组成。采用计算机远程操控，监测养殖舍温湿度、有害空气、光照强度、动物行为等参数。

2. 物联网

基于互联网基础上的延伸及扩展，将信息传感设备与互联网相联，对畜禽进行个体识别（淘汰鸡、僵猪）、定位、跟踪、监控及管理。

3. 大数据

包括数字、文档、图像、音频及视频等，通过大数据分析将复杂的数据整合，辅助管理者进行环境参数预测、养猪健康评估体系建立等工作。

4. 云计算

将资源整合，实现资源自动化传输、存储、管理及共享；分析处理后的数据呈递给用户，为网络终端用户提供信息及服务。

六、数字化养殖关键技术

1. 射频识别

非接触式自动识别技术，包括读卡器和电子标签。畜禽佩戴标签用于采集记录个体的信息。

2. 人工智能

人工智能技术应用于个体身份识别、母猪精准饲喂、追踪溯源等系统，实现智慧养殖的远程操控及科学管理。

3. 区块链

分散或分布式的网络账本数据库，能够实现畜禽产品溯源，保障食品质量安全，增加产品在养殖、销售、流通全过程的透明度。

4. 5G 技术

具有数据传输速率高、网络延迟低等优势，引领智慧养殖向更精准、高效方向发展，利用网络移动终端操控养殖设备，达到远程会诊、指导的目的。

七、政策解读

近几年国家连续发布多项政策，促进畜牧养殖业的数字化、信息化、智能化发展。

2016 年 1 月 22 日，农业部制定的《2016 年畜牧业工作要点》中提出"大力推进畜牧业信息化"。2017 年 11 月 28 日，农业部关于印发《全国兽医卫生事业发展规划 2016—2020 年》的通知中提到"推进生猪屠宰标准化生产，引导屠宰企业标准化改造，提高屠宰机械化、自动化、标准化、清洁化、智能化生产水平"。2018 年 12 月 1 日，农业农村部在山东省举办"养殖场直联直报信息平台暨畜牧业信息入户客户端"发布活动。2020 年 1 月 20 日，农业农村部、中央网络安全和信息化委员会办公室印发《数字农业农村发展规划（2019—2025 年）》，对新时期推进数字农业农村建设的总体思路、发展目标、重点任务作出明确部署。贯彻落实党中央关于建设网络强国、数字中国、智慧社会、数字乡村等系列战略部署的重要举措，是指导新时期数字农业农村建设的行动指南。2020 年 2 月 25 日，农业农村部办公厅制定的《2020 年畜牧兽医工作要点》中提出"加快推进畜牧业信息化智能化建设"。

2022 年 6 月 14 日，农业农村部关于印发《开展 2022 年农业现代化示范区创建工作》的通知中提到"促进农业设施化、园区化、融合化、绿色化、数字化发展"。2022 年 7 月 7 日，实现共同富裕的助推器——以数字经济助力农业增效农民增收（人民日报 7 月 7 日第 9 版）指出"助力农业高质量发展。在新一轮科技革命和产业变革引领下，数字化转型成为全球农业发展的重要趋势"。2022 年 8 月 21 日，为深入贯彻党中央、国务院关于建设网络强国、数字中国的战略部署，落实《"十四五"推进农业农村现代化规划》《"十四五"数字经济发展规划》等要求，推动农业现代化示范区在数字技术与现代农业深度融合上先行突破，用数字化引领驱动农业现代化，农业农村部办公厅印发《农业现代化示范区数字化建设指南》。2023 中央一号文件表示，深入实施数字乡村发展行动，推动数字化应用场景研发推广。加快农业农村大数据应用，推进智慧农业发展。

十九届五中全会提出，要加快发展现代产业体系，推动经济体系优化升级，提升产业链供应链现代化水平，加快数字化发展。数字经济作为以信息与通信技术为载体的新型经济形态，通过数字技术深度赋能实体经济，促进了生产要素的高效配置，推动了生产方式的智能化转型。2019 年，突如其来的新冠肺炎疫情给畜牧业带来挑战。面对需求疲软、物流不畅、复工复产人员不足等不利因素，一些畜牧企业开始尝试数智化转型，积极探索远程办公、智能化养殖、线上交易等新方式。随着数字经济与传统产业的加速融合，畜牧行业将迎来数智化革命新浪潮。

第三节　畜牧业数字化转型现状与展望

一、概述

在畜牧行业领域，某些部门发展成为相对独立的产业（如蛋鸡业、肉鸡业、奶牛业、肉牛业、养猪业等），这些产业企业普遍致力于将数字化与产业互联的软件、云平台等相结合，将数字化价值带到畜牧行业中。

传统畜牧养殖业的发展逐渐跟不上新时代的步伐，AI、大数据、物联网等新一代信息技术应运而生。随着新时代的变革、历史的变迁以及政策的扶持，数字化、智能化养殖逐渐成为畜牧业发展的主流趋势。

温氏集团的数字化建设进程中，提升"精细化、批次化、标准化、智能化"生产能力，提高"人效、禽效、物效、场效"生产效率；严格把控养殖成本，强化畜禽养殖企业数字化战略。

通过全方位的成本分析及"养殖大脑"报表平台，让管理者更加精准及时掌握养殖生产成本及营销数据，从而灵活、全面、高预见性地应对市场变化。

在养猪行业中，温氏集团已成立专业的数字流程部，牧原食品组建 6 000 人的智能化团队，新希望集团明确战略、建立一把手工程全面推进数字化进程。

数字化转型致力于改变原有的管理方式，改变传统的工作模式，让员工认知融合数字化进程。

仍有多数中小型猪场未完成数字化转型的蜕化和变革，仅局限于采购软件和智能硬件。

应用数字驱动养猪，使用养殖数据和信息主动及时赋能，适时预警并发现存在的缺陷和不足，定期制定养殖生产过程的任务指令，应用数据提升产品品质、降低生产成本并提高经营效益，中小型猪场可以借助数字化转型来提升自身的养殖成绩。

温氏食品集团股份有限公司作为畜牧业龙头企业，立足企业降本增效和转型升级，结合养殖全产业链场景，在数字化应用道路上不断创新实践，成为领跑者。

2005 年，温氏现代化数据中心建设启动；2010 年，开展物联网相关新技术的探索和研究；2019 年，温氏正式提出把"互联网 +"打造成为温氏新的核心竞争优势。

温氏股份信息中心副总经理邝颖杰介绍，温氏已形成 2 地 3 中心的数据管理中心，对数据进行贮存、运算，以及融合在企业运营 8 大层面的数字化应用体系。数字化技术应用见表 2-2。

表 2-2　数字化技术应用

应用环节	应用技术
底层通信技术	5G
硬件系统	全景摄像头、AI 芯片、AR 眼镜、智慧云屏
数据管理及计算架构	Spark、Hadoop、Hive、docker、konwledge graph

续表

	应用环节	应用技术
AI算法	人员进出牧场身份识别及登记管理	人脸识别、行为识别、语音识别、语义理解、语音合成
	场内隔离	图像视频语义识别、电子围栏、行为识别
	人员洗澡及消毒流程	行为识别、图像视频语义识别、视频自动截取
	物品进出消毒	行为识别、人脸识别、物体识别、视频自动截取
	场区人员流动管理	人脸识别、电子围栏、视频自动截取
	厨房生物安全	行为识别、图像视频语义识别、视频自动截取
	转猪环节	行为识别、图像视频语义识别、视频自动截取
	售猪环节	行为识别、图像视频语义识别、视频自动截取
	车辆流动	特殊行为识别、图像视频语义识别、车辆识别、视频自动截取
	引种环节	特殊行为识别、图像视频语义识别、视频自动截取

二、畜牧业数字化转型发展展望

1. 开发数据资源，激发数据潜力

保证数据流动有序性，注重数据隐私安全，合理应用数据要素进行畜牧业数字化转型。

2. 创建可靠的数字化基础设施

普及畜牧业信息基础设施建设，加快传统畜牧业养殖基础设施数字化转型，推进畜牧业基础设施智能化发展。

3. 加大畜牧业数字化经济空间

引导传统畜牧业数字化转型，培养数字化新模式新业态，扶持中小型畜牧企业数字化转型，推进政府层面对传统畜牧业数字化转型的重视。

4. 创造创新性数字化格局

加大数字化关键技术攻关，数字化前沿技术布局，加强国际间技术交流。

5. 探索畜牧业数字经济治理体系

围绕畜牧业数字化重点问题建立规则；建立合理、高效的数字经济体系。

6. 营造开放、活力的畜牧业数字化发展环境

推进区域间、国际间合作交流，建立多层次交流机制，减小数字化差距。

第四节　生猪养殖智能化生物安全体系与环控系统

一、生猪智能化养殖及生物安全体系痛点分析

1. 养殖效率低下

智能化程度低，养殖状态信息无法实时获取，出现问题无法及时发现处理，疾病早期诊断困难。

2. 环境污染严重

废气废水粪便处理得不科学，导致猪病的继发或者混合感染及环保问题。

3. 投资风险高

瘟疫疾病的流行，春秋交替环境波动导致养殖难度大、投资风险增高。

4. 食品安全无保障

缺乏食品链追溯机制，让民众可放心享用并且口感又好的品牌产品不足。传播途径多，生物安全控制至关重要。

为了解决食品安全无保障，养殖效率低下等问题，食品安全追溯管理系统，实现系统化养殖，建立一套生猪溯源信息化系统，实现对整个生猪、整个产业链中从饲料、养殖、防疫、屠宰、加工、运输等全方面记录，通过采集养殖过程信息并上传到追溯平台，包括记录入栏时间、养殖人员、常规喂食喂水、饲料投放记录、猪舍清洁记录、消毒记录、运输车辆等信息，记录所有可能影响到食品安全的因素，实现对每头生猪状态信息追溯，逐步打造内部＋外部的生物安全体系。通过查询可以追溯养殖信息，追溯养殖过程中的各个关键节点的信息，实现来源可查、去向可追、责任可究。让消费者吃到真正的健康干净的猪肉。

二、生猪养殖智能化生物安全体系——整场方案

针对猪场生物安全痛点，从生物安全控制的全面性、实时性、准确性的角度进行了分析，相比现阶段的主流防疫手段，优势明显。生猪养殖智能化生物安全体系整场方案见图2-5、图2-6。

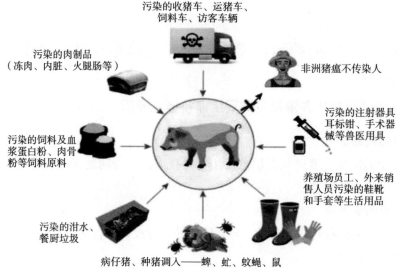

图 2-5　猪感染非洲猪瘟的途径

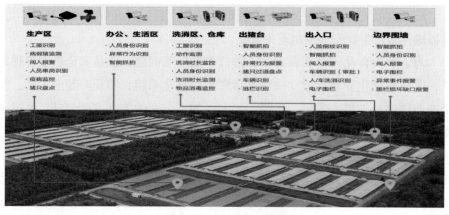

图 2-6　生物安全屏障

三、生猪养殖智能化生物安全体系——整体框架

充分利用 5G 通信技术、人脸识别、视频图像处理等深度学习算法，以摄像头、智慧显示屏、AR 眼镜等硬件载体打造的一套猪场生物安全实时监测预警系统。生猪养殖智能化生物安全体系整体框架见图 2-7。

对猪场进行可视化管理，守住安全防控大门，监控外来人员入场，识别内部人员串区，将人员流动数据化，实现生物防疫追溯。

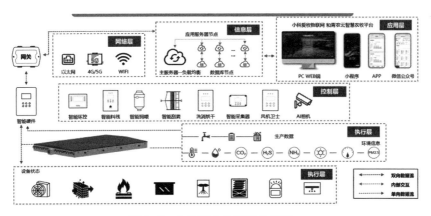

图 2-7　生物安全体系整体框架

四、生猪养殖智能化生物安全体系——洗消烘干

养殖场洗消中心承担着对进入猪场的车辆进行清洗、消毒和烘干等功能，以及对随车人员和物品的清洗、消毒功能，即快速、高效杀灭绝大多数病菌。生猪养殖智能化生物安全体系洗消烘干见图 2-8。

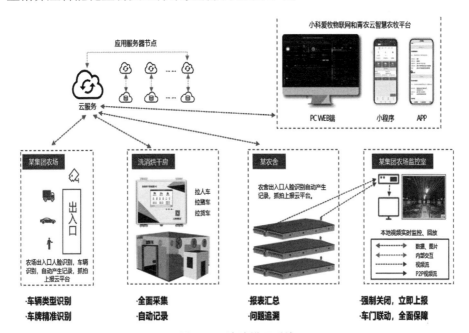

图 2-8　洗消烘干系统

第二篇

中国猪场
数字化管理

第一章 猪场软件系统案例分析

第一节 互牧云猪场信息管理系统蓝图

互牧云 3.0 猪场智能化管理系统，是上海互牧信息科技有限公司"互牧云"品牌下专注于猪场管理的系统。是集猪场生产管理、猪育种、进销存、资产管理、财务管理、报表系统及物联网智能化管理的平台。该平台功能贯穿猪场所有业务流程，对猪场的后备、配种、产房、保育/育肥、育种等各个生产环节进行全流程管控。平台支持母猪繁殖数据录入、猪群变动数据录入、健康管理录入、种猪测定数据录入等，数据采集时支持电脑端、App 端。常规数据采集方式也可以借助互牧云物联网相关设备的使用，实现员工在工作中及时采集数据，提高猪场数据采集的及时性、准确性及真实性，为猪场育种、管理决策等需求提供真实可靠的基础数据。

上海互牧信息科技有限公司与上海祥欣畜禽有限公司在推行数据化管理过程中意识到企业的决策报告由大量的一线基础数据组合而成，这些看似简单，实则需要耗费大量人力，还无法保证准确性。如何将这些烦琐的基础数据简单化、流程化、持续化、准确化地收集存储起来，是困扰整个行业的难题。

在收集数据方面互牧云 3.0 系统推出了电脑版本，基础数据功能板块（包括种猪档案管理、种猪系谱打印、后裔品种设置、生产计划、栋舍管理、饲养员绑定栋舍、猪群绑定栋舍等）、繁殖数据（包括采精检测、母猪发情记录、母猪配种记录、母猪孕检记录、母猪流产记录、母猪分娩记录、断奶记录、寄养记录、母猪测膘记录等）、猪群变动数据（包括入群记录；种猪转入转出记录、种猪淘汰计划及淘汰记录、种猪死亡记录、种猪出栏记录；商品猪转入转出记录、商品猪死亡淘汰、销售出栏；育成转后备、后备转育肥；月末盘点等）、健康管理数据（包括免疫程序、免疫计划、种猪免疫记录、商品猪免疫记录等），全面采集猪场生产过程中各个关键环节的数据。图 1-1 为互牧云 3.0 电脑端页面。

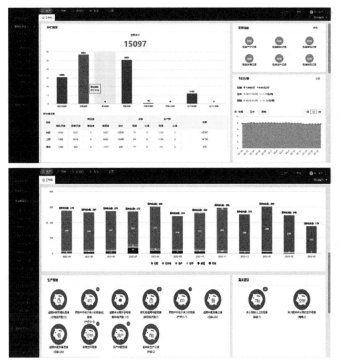

图1-1　互牧云3.0电脑端页面

互牧云3.0系统电脑端版本录入数据功能，采用相对传统的模式，即一线纸质数据采集，然后在电脑端进行输入，这种模式的缺点：数据错误可能在纸质上已经产生，即使互牧云3.0系统在猪场的生产逻辑上拒绝错误数据的录入，也不能避免错误数据的产生，因为数据都是当天采集晚上输入或所谓的有时间输入，导致生产数据滞后。并且此模式过度依赖猪场的一个岗位——数据统计员，如果此岗位人员不稳定，也会造成整个猪场的数据不稳定。这种比较传统的数据采集管理模式的研发是为了应对有些猪场没有智能化硬件产品退而求其次的数据采集方案。

上海互牧信息科技有限公司为了有效解决数据采集的问题，分别推出互牧云3.0移动端（手机端、平板端、微信端）和互牧云3.0手机端（老年版）。互牧云3.0移动端（手机端、平板端、微信端）版本主要功能是实现生产数据、进销存数据、财务费用审批在线实时录入及其猪场的生产管理预警、报表分析、费用审批等业务功能。不在一线的管理者随时查看报表分析，审批业务。为了照顾年龄偏大员工，互牧云3.0手机端（老年版）研发随之诞生，该版本操作简单、字体大、按键大，满足各个岗位一线作业数据采集需要，关联生产相关的设备（电子耳标RFID身份确权关联种猪档案和猪舍栏位信息，扫描二维码关联猪精液信息和药品信息，关联种猪饲喂站、智能称重数据、B超的测孕测膘等），让一线人员在作业过程中，顺便采集生产管理数据。图 1-2 为互牧云 3.0 移动端；图 1-3 为互牧云 3.0 移动端（老年版）。

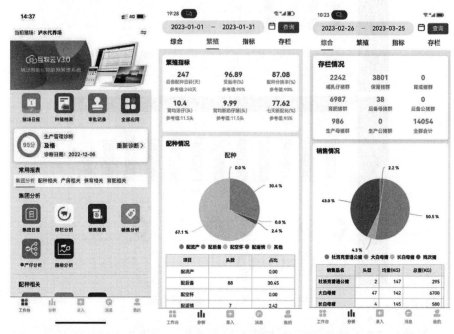

图 1-2　互牧云 3.0 移动端（手机端、平板端、微信端）

图 1-3　互牧云 3.0 移动端（老年版）

第二节　上海祥欣育繁推体系信息化管理框架蓝图

2015 年 1 月至 2017 年 5 月，根据上海祥欣畜禽有限公司企业内部管理需求，结合信息化手段实现生产财务一体化，即将生产管理、进销存管理、财务管理、资产管理数据进行整合，不但实现企业经营的分析与管控，还能建立企业本身的数据云平台，避免信息孤岛，由原来的粗放型管理向精细化管理和数据化管理转型。图 1-4 为上海祥欣生产财务一体化系统蓝图。

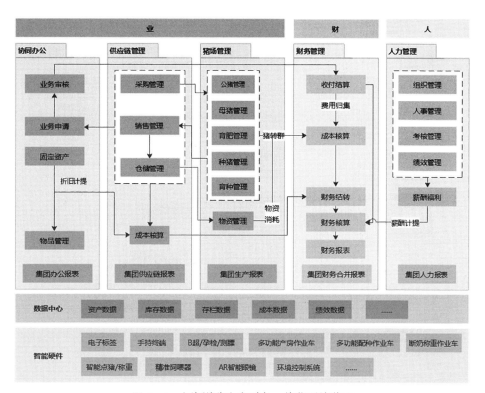

图 1-4　上海祥欣生产财务一体化系统蓝图

完成第一阶段信息化目标后，上海祥欣畜禽有限公司 2020 年启动第二阶段，即由原先的"猪企 ERP"转变为"开放生态圈运营平台（EOP）模式"，这不仅是企业内部的数据化，更是整个祥欣打造育繁推体系产业的数据化升级。在生态圈数据化的模式下，企业的数据化管理有效地助推曾祖代母猪场（GGP）、祖代母猪场（GP）、父母代商品猪场（PS）有效协同；助推联合育种，帮助各个阶段层次企业实现精细化管理，同时实现销售资源、人才资源、技术资源互利共享。图1-5为上海祥欣育繁推体系信息化管理框架蓝图。

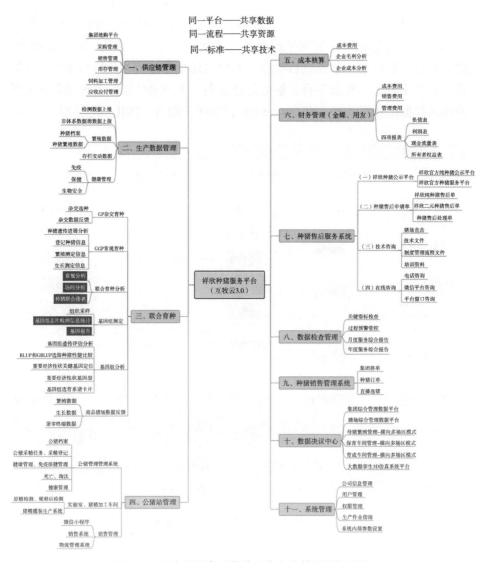

图1-5 上海祥欣育繁推体系信息化管理框架蓝图

第三节 种猪育种管理系统

互牧科技持续加大育种平台的研发，逐步实现并完善育种系统，包括育种目标与选择指数（国家标准、自定义育种目标），遗传评估（近交系数、血统血缘、测定数据录入及 BLUP 值计算等），选种选配（选种选配方案生成及导出、产房窝选、育成后备公猪选择、育成后备母猪选择、公猪分群、母猪分群），猪育种常规统计分析（种猪遗传进展分析、种猪群体近交度分析、种猪群体系谱图），猪育种分析报告（猪育种报告查询、猪育种血统分析报告、猪育种血缘分析报告、测定/选留/存栏性能对比、产房窝选数据报告），猪育种测定考评统计（种猪测定指数/头数统计、存栏种猪指数统计、猪血统配种量统计、猪血缘配种量统计），猪育种数据导出（猪育种数据导出、猪育种数据上报国家网），种猪个体存栏报告（哺乳至育肥存栏结构、生产公猪存栏结构、生产母猪存栏结构、后备猪存栏结构、存栏猪号列表、种猪个体信息查询、种猪系谱卡制定）等。图 1-6 为种猪育种管理系统。

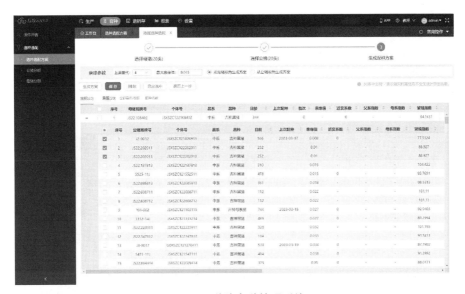

图 1-6 种猪育种管理系统

互牧云 3.0 猪场管理系统提供丰富的统计报表功能，包括日报（每日的繁殖情况、失配情况、猪只变动、销售、死亡、淘汰、存栏等实时统计）、周报、月报（在日报基础上，按月统计，关键指标分娩率、各阶段成活率、PSY/

MSY/LSY/WSY 等）、生产报表（①母猪档案明细、母猪配种明细、母猪性能排名等；②配种：断奶发情分析、分娩分析、周批次配种情况、母猪背膘；③产房：产仔汇总分析、母猪预计分娩；④综合：存栏动态平衡表、非生产天数分析、生产汇总报表；公猪档案、公猪受胎率分析等）、保育 / 育成（转舍、死淘及出栏、关键指标数据料肉比、批次肥猪成本数据等）、进销存报表（猪只销售统计明细、收发存汇总报表、入出库明细、采购、调拨、猪群成本等）。互牧云 3.0 日报电脑展现见图 1–7，互牧云猪场大数据可视化见图 1–8。

	项目	期初	当前存栏	月累计	26日	27日	28日	29日	30日	31日	01日	02日	03日	04日	05日	06日	07日	08日	09日	10日	11日	12日	13日	14日
繁殖情况	配流产																							
	配返情			2													1							
	配后备			65	3	2		2	3	3	4	5	2	4		1	3	4	2		5	3	4	1
	配空怀			1																				
	配断奶			180	2	2			2	10	25	3	1	2			12	24	4	1	2			9
	配种总数			248	5	4		2	5	13	29	8	3	6		1	16	28	6	1	7	3	4	10
	4个月前配种数			264	2	16	18	8	4	4		3	7	20	24	4	7	1	1	7	44	6	2	1
	断奶母猪			254		54							45							51				
	分娩窝数			266	9	9	10	12	4	3	9	11	18	13	2		7	1	10	16	15	11	1	4
	健仔			2980	93	104	102	141	18	33	108	133	200	136	13		70	15	98	199	167	133	15	60
	弱仔																							
	弱淘																							
	死胎			130	5	7	3	4	8	1	3	3	11	5	3		4		8	10	8			2
	木乃伊			57	2				14		2	1	3	2			3		2	4	4	1		1
	畸形			26	7	1	1	1						5					1	1				
	总仔数			3193	107	112	106	146	40	34	113	137	214	148	16		77	15	109	214	179	134	15	63
	胎产健仔			11.2	10.33	11.56	10.2	11.75	4.5	11	12	12.09	11.11	10.46	6.5		10	15	9.8	12.44	11.13	12.09	15	15
	胎产活仔			11.2	10.33	11.56	10.2	11.75	4.5	11	12	12.09	11.11	10.46	6.5		10	15	9.8	12.44	11.13	12.09	15	15
	胎产总仔			12	11.89	12.44	10.6	12.17	10	11.33	12.56	12.45	11.89	11.38	8		11	15	10.9	13.38	11.93	12.18	15	15.75
失配情况	返情			3			1										1							
	空怀			6	1		1																	
	流产			5		1						1			1		1							
	合计			14	1	1	2					1			1		2							
	[引种]后备公猪																							
	[引种]后备母猪																							

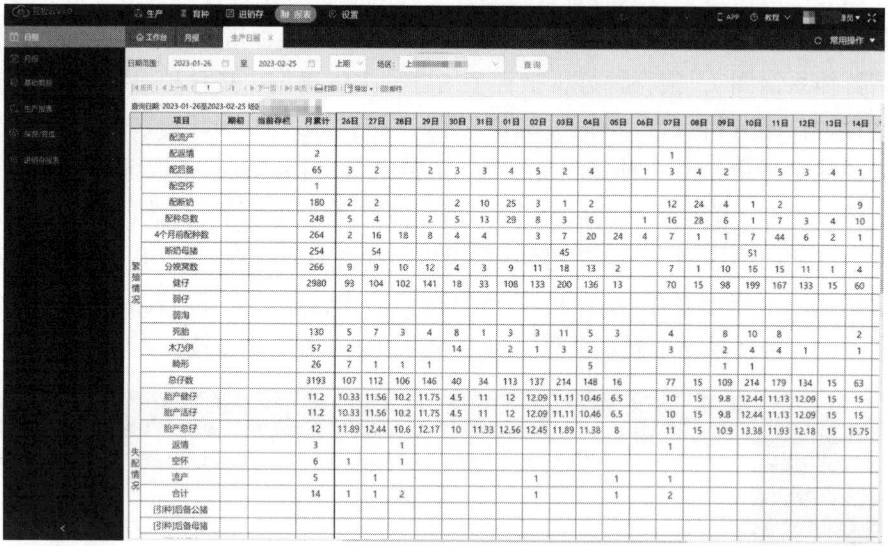

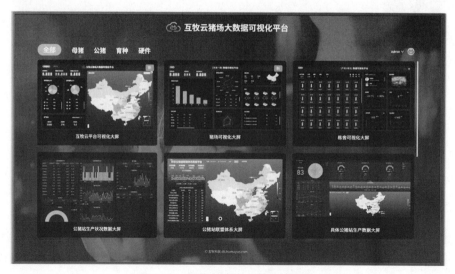

图 1–7　互牧云 3.0 日报电脑展现

图 1–8　互牧云猪场大数据可视化

第四节　猪场报表系统

　　猪场报表涉及猪场生产经营的方方面面，其繁杂度通常让管理者一时间抓不住重点。为了让猪场管理者更好地掌控猪场生产经营状况，互牧云3.0除了提供较为完整的常规报表外，还提供了一种更为友好的报表展现形式——互牧生产综合服务报告系统。该系统会根据猪场设定好的会计期间自动生成报告，报告支持 PC、App 及微信查看，且支持一键分享及导出。该系统 PC 展现形式方便开会时投屏观看，更直观，更高效，员工不再为做 PPT 而烦恼。手机端支持微信分享，微信中推送可直接点击查看，不用安装 App，看报告更直接。图 1-9 为生产服务报告。

图 1-9　生产服务报告

　　此外，生成的报告支持专家点评互动，盘活数据，为每月月度生产经营会议提供数据报告，其专家点评的内容是随报告一起保存并呈现，管理者可随时查阅。在传统方式中，专家参加猪场月度会议，所表达的分析及评价没有做到与报告融合在一起保存起来，互牧云3.0通过生产综合报告系统进行很好的整合，增强了报告的互动性及可读性，让报告发挥更大作用。图 1-10 为报告系统中专家对数据的分析点评。

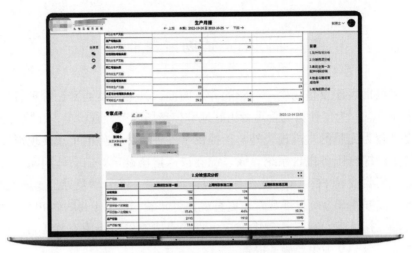

图 1-10　报告系统中专家对数据的分析点评

上海互牧信息科技有限公司的 IT 工程师深入猪场生产一线，历经数年实现软硬件完美结合，进行猪场作业数据采集，为企业的决策打下坚实的数据基础。公司从 2015 年成立至今一直秉承"应用互联网及物联网技术，促进畜牧业进入智能化管理时代"的使命，深耕养猪行业信息化多年，希望建立起一个产业数据化平台。该平台不仅仅是企业或企业的上下游，还不断整合高校的专家和研究院资源，只要企业授权允许，开放海量基础数据供其研究，为猪业振兴贡献微薄之力。

第二章　数字化养猪管理平台解决方案

第一节　系统架构及规划

一、数字化养猪管理体系架构（图2-1）

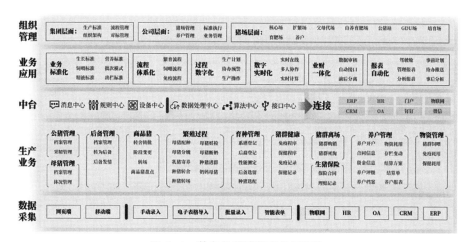

图2-1　数字化养猪管理体系架构

二、全方面的数字化服务

基于微信平台的猪场信息管理系统（微猪科技系统）已经涵盖了养猪过程中的多数业务，建成完整的养猪数字化体系（图2-2）。各模块之间的数据相互打通，杜绝各业务系统"各自为政"的局面。所有功能模块均根据最新的养猪技术以及中国本土化实践进行优化，更加贴近用户的需求和实际。

图2-2 全方面的数字化服务

三、平台结构（图2-3）

图2-3 平台结构

第二节 主要模块和功能

一、微猪繁殖

1. 繁殖管理

包括种猪的繁殖管理和分析，涵盖猪群生产环节的全部记录。

生产记录涵盖：种猪档案登记、后备入群、母猪配种、母猪妊检、母猪分娩、母猪断奶、乳猪寄养、种猪死淘、种猪转舍、肉猪转舍、肉猪死淘、肉猪销售、肉猪购买、肉猪转场、转为后备、种猪免疫保健、肉猪免疫保健、猪群饲喂等。

2. 公猪管理

包括公猪档案登记、采精、配种记录关联、死淘记录等，可根据配种数据、采精数据分析每头公猪的采精频率、精液质量、繁殖性能，并纳入到猪群的淘汰建议清单。

二、微猪育肥

包括肉猪转舍、肉猪死淘、肉猪销售、肉猪购买、肉猪场间转出、肉猪场间转入、肉猪月末盘点等多种事件的记录以及分析。功能涵盖猪群生产环节的各种信息，可以对商品猪进行批次管理和统计。

三、智能物联

对接智能环控、智能摄像头、RFID 电子耳标等智能物联网系统，实现数据互联互通，使用户在系统内就可以掌握物联数据，而不需要多个系统分别查阅。同时，对接生产管理业务，优化数据采集和维护流程，提高数据采集的及时性和准确性。

目前支持微猪自有品牌产品；上海睿畜、安徽瑞佰创及无锡富华的电子耳标产品；上海睿畜的大天眼及小天眼；深圳朗锐恒的物联网控制器；智信农联的智能饲喂器。

四、财务管理

1. 购销存管理

包括猪场物资的出入库管理、车间管理、猪群购销管理等。

2. 批次成本核算

对生猪批次进行管理，并将成本根据耗用分摊到相应批次，实现成本的准确核算。

3. 业务财务一体化

和用友、金蝶等财务系统深度集成，实现一处录入数据，多处调用，解决养猪生产管理的数据重复录入、口径不一致等问题，降低数据维护劳动量，提高数据准确性，有效地提升企业信息化管理水平。

五、遗传育种

包括系谱管理、繁殖性能测定、生长性能测定，支持各企业自设遗传评估性状和选择指数模型。基于BLUP程序，计算个体猪只的EBV值和选择指数，生成各阶段的育种相关报表。程序计算量大，计算速度快，可以实现随查随录、随算随用（图2-4、图2-5）。

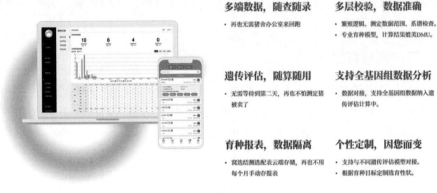

多端数据，随查随录
- 再也无需猪舍办公室来回跑

多层校验，数据准确
- 繁殖逻辑、测定数据范围、系谱检查。
- 专业育种模型，计算结果媲美DMU。

遗传评估，随算随用
- 无需等待到第二天，再也不怕测定猪被卖了

支持全基因组数据分析
- 数据对接，支持全基因组数据纳入遗传评估计算中。

育种报表，数据隔离
- 窝选结测选配表云端存储，再也不用每个月手动存报表

个性定制，因您而变
- 支持与不同遗传评估模型对接。
- 根据育种目标定制选育性状。

图2-4　遗传育种系统模块之一

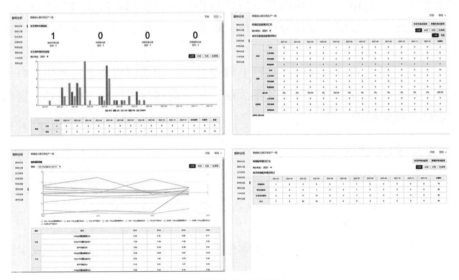

图2-5　遗传育种系统模块之二

六、猪群健康

1. 死淘管理

可以对种猪及商品猪的死亡、淘汰及销售进行管理。所有的死亡、淘汰

可以上传图片，并保存相关凭证。

2. 疫苗免疫计划

用户可以根据实际情况，制订并管理疫苗的免疫计划。系统关联存栏的实际情况，自动生成待免疫的种猪清单并提醒用户。

3. 兽医实验室管理

系统支持猪场及第三方兽医实验室的数据管理，可以对采样、送检以及结果的统计分析进行管理（图2-6）。

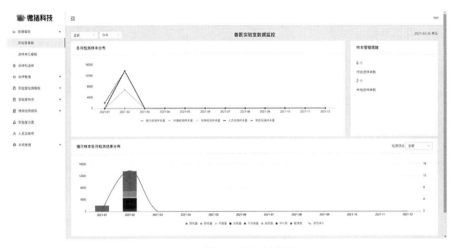

图 2-6　兽医诊断系统模块

七、智能表单录入

猪场只需要按指定格式的纸质表格填写日常生产数据，使用扫描仪扫描成图片上传系统，即可自动识别填写内容，并整理成识别结果，经确认后写入系统。智能表单识别准确率高达99.98%。

第三节　系统特性特点

一、简洁易用，智能采集

系统采用人性化设计原则，无需安装即可使用。同时，基于大量养猪实践经验进行科学设计，并提供专业性图表。

在数据采集方面，系统支持硬件采集、人工录入及智能识别等多种数据采集方式。记录类型包括种猪、商品猪生产管理、遗传育种、物料管理等30多项，涵盖养殖、育种等环节的全部记录。

可以导入各种数据类型的第三方数据。系统数据中台自动对数据合理性验证，并进行数据清洗，确保准确的数据进入系统。

本项目系统的报表涵盖日周月报、繁殖报表、商品猪报表、批次统计报表、存栏报表、育种报表、物料管理报表、成本分析报表等，在微信端和网页端呈现；其中微信端报表经过针对移动端的适配设计，可视化强，方便阅读。相关报表和指标参考行业标准及主流养猪数据系统设计思路，确保科学准确（图2-7）。

图2-7　生产报表系统模块

二、支持不同规模的养猪组织

支持的多级组织架构，灵活易用，适配性强。用户可以把集团的下属公司及猪场、下游客户公司及猪场都纳入数据平台统一管理。

系统以公司为管理单元，符合企业管理需要。公司作为猪场和人员管理的基本单元，公司人员在公司端管理，而公司下各猪场人员不仅可在各自猪场被管理（部门岗位、权限组），也可以在公司层面统一管理；生产参数设置在公司层面，符合各公司的管理需要，更加灵活和符合企业管理需要。

支持用户权限控制，确保数据安全。所有记录留痕管理，防止恶意破坏数据。

三、稳定可靠的数据安全体系

使用统一用户 ID，实名认证，无需注册用户名和密码，一人一号全系统通用；详尽的操作日志，所有操作均可追溯；登录可控，不用担心账号泄露恶意登录。

按管理流程定期对数据进行审核。审核后的历史数据将被锁定并避免更改。数据根据权限隔离，以猪舍为最小粒度。用户读写操作分离，报表按权限定制输出（图 2-8）。

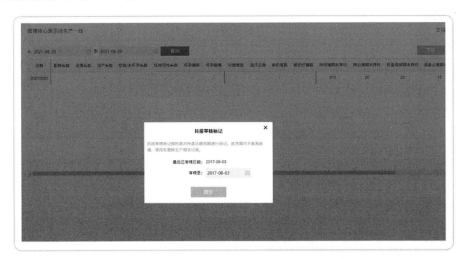

图 2-8　审核系统模块

四、支持多客户端操作

根据一线数据录入和使用的特点，本项目的系统支持网页端、微信端操作，不需要使用者下载任何额外的 App 或客户端（手持机除外），降低了使用难度。

五、预警、待办及生产计划的提醒和信息推送

包括生产计划方案的制订、免疫保健方案的制订，同时结合生产管理数据生成种猪、商品猪的计划清单和预警清单，并根据推送策略将清单通过微信公众号推送给相关生产人员。

生产作业系统的各类计划提醒，可通过系统关联的微信公众号，推送给需要接受提醒的人员，并包括是否完成的操作控制点；再也不用担心短信被拦截或漏发，无法进行完成操作等问题。微信推送服务可以定时发送，及时

送达各类报告及通知。

系统根据生产作业系统的录入数据，自动生成当天日报、周报及月报，并及时推送给相关权限人员进行查看，取代统计的短信汇报，节约时间并改善工作体验（图2-9、图2-10）。

图2-9　生产计划系统之一

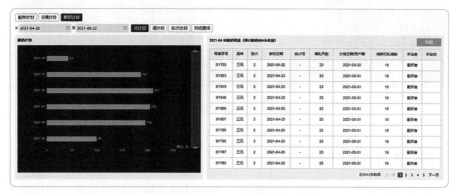

图2-10　生产计划系统之二

六、多层数据检查，确保数据准确可靠

系统不仅在录入端进行规范的生产逻辑检查，确保录入的种猪繁殖数据、商品猪转栏转批数据的准确，同时，还涵盖了数值范围的检查，减少商品猪等录入的数据错误（图2-11）。

在系统初始化实施时，可方便地把第三方系统的繁殖数据，整理到Excel表格模版，然后通过系统的导入程序，进行数据检查和导入。猪场可以快速、准确地导入大部分数据。

图 2-11　数据审核

七、适配不同的母猪批次管理模式

系统独有的母猪批次管理和统计功能，从批次配种到批次分娩，再到商品猪批次化管理，支持猪场全程批次化管理，适配不同的批次管理模式。目前常见的母猪批次管理模式，包括六天批、单周批、双周批、三周批、四周批、五周批、不规则天数批次等（图 2-12）。

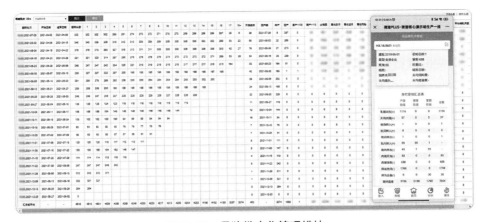

图 2-12　母猪批次化管理模块

八、独立品牌形象

用户可以自行申请微信公众号（服务号）。微猪科技将配合用户使用个性化的微信公众号进行管理，更好地展示用户品牌形象。

第四节　特色功能及主要亮点

一、兼容各类场景的数据采集体系（图 2-13）

图 2-13　数据采集

二、"无软件"猪场

使用微猪智能表单进行人工智能数据录入，全自动地录入流程设计（图 2-14）。利用现有打印一体机，几乎无须采购设备。无须专门统计人员录入。结合微猪科技提供的专家数据运营服务，享受全程无忧的数据管理。

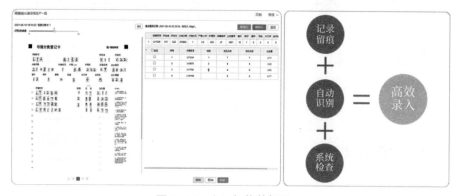

图 2-14　人工智能数据录入

三、智慧运营中心（图2-15）

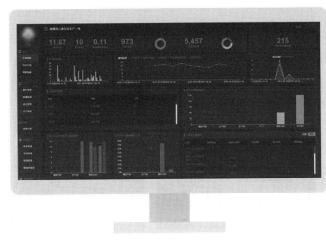

图 2-15 智慧运营中心

四、微信推送

微猪系统独具特色的微信推送功能，根据用户设置的推送时间、接收人，把待办清单、日／周／月报自动统计并通过微信推送给相关人员，变被动为主动，是管理驱动的好工具。相关人员不需要进入系统就可以了解生产情况（图2-16）。

图 2-16 微信推送

五、对标管理

用户可以轻松对不同猪场之间的成绩进行对比，找到差距和改进空间（图2-17）。

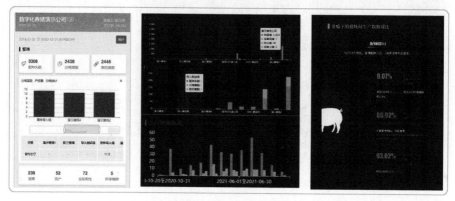

图2-17　对标管理

第三章　猪场饲料数字化管理

第一节　猪场供料现状与问题

目前企业信息化管理高速发展，大中型农牧集团都在大力发展全产业链。然而饲料厂、养殖场的信息化建设参差不齐，养殖场与饲料厂之间存在沟通的"信息孤岛"，距离"场厂融合"尚有不小的差距。

饲料订单报送准确性低。在日常饲料销售过程中，饲料需求通过电话报送时，因语言障碍常会导致理解和记录错误，最终统计交给生产部的数据，时常会有错误数据。

饲料订单统计工作量大，行业内大多数畜牧养殖企业的饲料需求报送模式是由农牧公司管理人员或者养殖现场人员，通过电话、QQ、微信等方式报送给饲料厂生产人员，报送方式多种多样，诸如语音、文字、图片等。报送的渠道多、方式多，因而饲料需求订单的统计工作烦琐且工作量大。

饲料厂按计划生产，成品库存体量大，对流动资金占用时间长。

第二节　智能订单解决方案

针对大中型农牧集团，通过打通养殖板块和饲料生产板块的数据通道，将养殖的饲料需求实时统计并形成饲料订单，提升饲料厂生产效率，降低生产盲目性带来的损耗，降低农牧集团综合运行成本。

天璇智能订单系统是养殖场到饲料厂的饲料需求桥梁。天璇与"威固"料塔称重系统相结合，实时获取饲料塔准确的余料，在饲料塔余料不足时，实时发出余料报警。

在接收到区域内所有养殖场的料塔报警后，系统结合各猪场的养殖数据，如生猪日龄、存栏、饲喂曲线、料塔余料、死淘率等，自动计算匹配每个猪场的饲料需求，生成猪场的饲料订单，然后每日或每周对所有饲料订单进行汇总，统计每种饲料的订单数量，统一推送到饲料厂 MES 系统，饲料厂根据饲料订单，结合成品库存、原料库存、产能等因素，制定生产计划，实现拉动式生产。

天璇智能订单系统与云图智能工厂系统进行数据打通，实现了饲料需求从养殖场到饲料厂无缝对接（图 3-1）。

图 3-1 云图智能工厂数字孪生驾驶舱

1. 生产管理

天璇智能订单系统基于养殖场的各类饲料订单数据，按照饲料类型、品种、需求时间自动区分汇总，根据养殖场客户的需求，制定更科学、更合理的生产计划，以更优的生产计划提升饲料厂的生产效率，同时及时、准确地服务于养殖场客户，为养殖场客户提供更佳的用料体验。

2. 余料提醒

当养殖场饲料塔中余料不足时，系统实时为猪场管理者、饲料销售提供余料不足提醒，可有效降低养殖场漏报、误报饲料需求，有效降低养殖场对饲料的临时需求量。

3. 订单管理

该功能用于饲料厂人员对订单执行情况进行跟踪，也可用于饲料厂销售为养殖场下订单。根据余料情况，饲料厂销售可在系统中确认饲料订单数量。饲料订单生成后，由农牧公司对订单信息进行完善和确认，饲料厂销售确认信息后，系统自动生成饲料订单，每日系统对确认后的饲料订单进行汇总推送至饲料厂 MES 系统（图 3-2）。

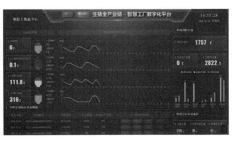

图 3-2　订单管理系统

4. 计划报送

猪场通过系统提交用料需求周计划、月计划，系统将自动核算并将计划自动统计生产报表，报送至饲料厂，有利于饲料厂根据养殖场用料计划，制定更为准确的原料采购计划。

5. 订单跟踪

饲料订单跟踪用于饲料厂、农牧公司的管理人员，对饲料订单执行情况进行实时跟踪、查询，可实时查看订单的当前执行状态，如：已接单、生产中、待发货、发货中、已出厂、运输途中、开始打料、完成打料等多个阶段。

饲料订单将为工厂提供准确的饲料需求，工厂按需生产，减少成品库存，对降低工厂运营成本、农牧集团管理成本，对工厂实现拉动式生产影响巨大。销售部报送饲料需求月计划、周计划的销量测算数据准确性不高，计划对生产的指导意义较低，生产部一般凭借经验制定生产计划，生产计划的科学性、合理性具有提高空间。因此，拉动式生产除了工厂生产工艺改进外，还需要一个准确的饲料订单。

第四章　猪场全精细化生产链管控平台概况

第一节　猪场管理与生物安全现状与问题

非洲猪瘟进入我国后，在国内迅速蔓延，倒逼生猪行业转型，也让我们意识到生物安全的重要性。

生物安全不仅仅是公司的事，还是每个人的责任，不是只有猪场管理层去谈、决策生物安全，而是要猪场所有人员都参与。猪场制定标准操作程序，提高全体员工的生物安全意识和防控技能，所有人员严格按照规定执行。

生猪疾病传播主要包括种猪、精液、粪污、人员、设备、饲料、运输、动物等。从不同载体生物安全风险和生物安全风险控制难度了解，活猪、运输车辆的风险非常高，尤其是猪场的引种、进猪苗是风险最大的活动。

企业对生物安全越来越重视，生物安全流程越来越细，复杂环节也越来越多。企业短期内执行没有压力，但如果一直持续执行，耗时耗力，环节越多，出错越多，到最后可能执行不好甚至流于形式。

因此，生物安全流程不是做得越多、越全面就越好，相反要随着防控认识的不断提高，抓住关键点，在达到防控目标与要求时，生物安全也要逐步做"减法"，达到防控目标，同时也降低防控成本。

第二节　农牧集团精细化管理系统

生物防控流程管理，借助现有主流技术，如 AI、IoT、GIS、大数据等技术，将生物防控的各个流程进行管理，将流程中各操作进行记录，同时还要考虑与现有生产模式的融合，减少现有工作人员的人工干预、录入，降低生物防控为一线工作人员带来的工作量。

发挥信息系统优势，借助 AI、大数据等技术，系统完成对各个流程中重点管控环节的监管，发现违规操作、异常现象等特殊情况，自动推送消息到主管人员，提高重点管控环节的监管力度。

与主流技术接轨，将大部分防控管理工作、养殖管理工作迁移到线上处理，实现让数据多跑路、人员少跑路。

星云农牧集团精细化管理系统，实现将集团的人员、车辆、物资、审批、生物防控等管理工作，以体系化和流程化的标准模式统一起来，帮助管理人员对辖区内所有畜禽资产、人员行为、物资耗用、车辆状态、防疫管控、养殖数据（饲料数据、环境参数、死淘数据）等对象进行精细化管控（图4-1）。

图4-1 精细化管理系统

一、人员管理与生物安全防控

人员的流动性对猪场的生物安全会造成较大的威胁，在本场人员返场、外来人员入场时，人员与外界接触多，携带病原可能性较高，需要进行充分的洗消防控管理。

人员入场时，可通过星云农牧集团精细化管理系统申请入场，上传人员的防疫与个人随身物资洗消照片，自动记录人员的位置信息，由猪场各层防疫主管审核，如场长、总监、兽医等。在入场申请通过后，人员可前往指定的隔离中心进行隔离。在进入隔离中心时，也需要按照隔离中心要求进行洗消，除了人员洗澡外，还包括个人物资消毒，所有过程通过拍照、物联网设备等技术将过程进行记录，随后可提请各层防疫主管审核。

防控重点对洗消流程和质量进行监管，比如人员洗澡时间是否充足、入场时随身个人物资是否消毒、入场申请前个人物资是否浸泡消毒等影响洗消质量的防控点，系统自动监测，对未满足洗消要求时进行推送违规消息，由稽核人员进行跟踪处理，直到满足洗消要求后才允许入场。

二、车辆生物安全防控

车辆运输任务，常常与多个猪场频繁接触，也会造成生物安全威胁加剧。车辆在进入第一道、第二道防线时，需要进行严格洗消（图4-2）。

图4-2　标准化车辆洗消流程

星云农牧集团精细化管理系统的车辆洗消管理，将车辆洗消过程流程化、标准化，通过系统将标准化的洗消过程，包括驾驶室消毒、车辆清洗、泡沫消毒、车辆烘干等过程，进行全程记录，包括拍照、拍视频等方式。

在车辆防控质量监管中，对车辆消毒时间、烘干时间、行驶轨迹、近期进入养殖场等防控点，系统进行自动监测，未满足公司生物安全防控要求时，实时推送违规消息，由稽核人员进行跟踪处理，人为干预，保证公司生物安全体系高质量、安全有效地运行。

三、物资生物安全防控

物资从采购发货到耗用，贯穿了公司生物安全防控的三道防线，也是生物安全防控核心，疫苗、药品更是进入第三道防线，与生猪直接接触使用的物品，安全威胁最大、防控等级最高。同时，在疫苗耗用时，还存在复杂的调用、交换使用等多种使用场景，无疑更加增加了疫病传播风险。

星云农牧集团精细化管理系统将物资从采购入库、消毒、调拨、领用、耗用全过程进行监督管理，并建立对应的审批流程，不仅仅将现有的纸质申请单平稳地转移到线上，也通过多方审批确认、物资耗用拍照上传等多种方式，对物资耗用的数量确认，保障物资耗用的准确性、真实性，杜绝物资与库存数量不一致的情况。

在物资生物安全防控中，无论是采购入库到预处理中心，还是预处理中心调拨到猪场仓库，在运输途中均存在相应的传播风险。在预处理中心、猪场仓库都需要进行相应静置和消毒。系统自动记录消毒和静置中的违规行为，并推送消息到主管人员和稽核，进行人为监督防控质量，确保严格按照公司生物安全防控要求、不折不扣地执行。

四、拓展生物防控措施

为预防非洲猪瘟传播，企业均建立了一系列生物安全防控措施，从人员、车辆、物资都有企业自己的洗消防控标准。执行防控措施，必然增加人员工作量和企业的成本负担。

通过一系列先进技术，如 AI、边缘计算、IoT、人工智能等，逐步应用到防控的应用环境，以缓解人力紧张和降低管理成本。

五、综合资源管理

星云农牧集团精细化管理为集养殖业务、饲料管理、物联网管理、能耗管理等多种功能于一体的掌上养殖业务管理系统，提供养殖场的物联网设备数据查看功能（图 4-3）。

图 4-3　掌上养殖业务管理系统

星云除了对人、车、物的生物安全防控管理，还对人员的考勤、物资库存、车辆派单、养殖统计等进行综合管理。

物联网设备接入星云的方式分为硬件层和应用层。养殖场现场可通过硬件设备，比如智能网关、视频网关等接入星云，也可通过应用层（API 接口）将物联网数据对接到星云，实现远程查看物联网设备数据。

第五章　智能化洗消系统开发

第一节　背　景

2018 年我国爆发非洲猪瘟疫情，对我国生猪生产造成巨大威胁。非洲猪瘟目前没有安全有效的疫苗和特效药物，猪群一旦感染，死亡率极高，所以如何有效防控非洲猪瘟是猪场头等大事。

目前我国国内养殖场的普遍情况是智能化养殖技术刚刚起步，生物安全技术未形成有效合力，猪场经营者经常面临系统繁多、信息孤岛严重的问题。如何将各系统数据充分利用，通过智能化技术对生物安全进行迅速评估并及时对生物安全防治进行调整，是摆在我们面前的一道必答题。

青岛不愁网信息科技有限公司将各类生物安全设备与 AI 深度学习算法相结合，将硬件数据与管理软件相结合；建立人员生物安全、车辆生物安全、物资生物安全为一体的综合管理方案（图 5-1）。

图 5-1　非洲猪瘟防控体系

生物安全防控策略采取红、橙、黄、绿 4 个安全级别的控制区域，红区为猪场外部不可控区域，橙区为内外隔离区，黄区为人员洗消和内部物资转运区，绿区指核心生产区。

第二节 系统介绍

青岛不愁网信息科技有限公司智能洗消系统分为人员洗消系统、车辆洗消系统以及物资洗消系统。不愁网智能洗消系统主要基于全天候生物安全预警场景进行及时判断，要求 AI 智能监控灵活部署，针对人车活动区域、人员洗消场景、车辆洗消场景、车辆烘干场景、物资洗消场景、物资烘干场景等方向进行 AI 算法研发，进行专业化芯片整合定制。

智能洗消系统自动化控制猪场人员车辆及物资洗消流程。系统应用自动识别、感知、记录、大数据分析处理等功能，进而实现对猪场的人流、车流、物流进行自动化控制与报警管理，确保人员车辆与物资洗消落实落地，减少猪场内部人车物由于洗消不充分导致的疾病传染，最大限度地切断传播途径。

通过猪场智能化 AI 相机对猪场内人员、车辆、物资等生物安全重要环节进行监控，针对生物安全薄弱部分，通过 AI 预警监控机制，实时监控预警。

终端设备将采集到的图像信息及预警等级信息上传到猪场智能洗消系统控制平台实时显示给用户，用户可以通过终端设备或智能化控制平台对报警信息进行处理。

一、人员生物安全

通过智能化洗澡间及其配套设备，可以实现对人员洗消流程的强管控，确保人员洗消时长（图 5-2）。智能化洗澡间设备可以通过控制人员洗消流程，将传统的洗消专人看管升级为无人自动化值守，从而提高洗消效率和减少人力成本。

智能闸机和人体位置检测等装置可以精准地实现人员通道洗消管理。这些装置可以识别人员的身份信息及淋浴时人员位置信息，确保只有经过洗消流程的人员才能离开智能洗消间，从而防止污染源的传播。

智能化洗澡间可以自动控制水温、水量和调整泡沫量，从而确保洗消效果和洗澡体验的舒适性。此外，智能化设备还可以记录每个人员的洗消流程，以便后续追溯和管理。

总之，智能化洗澡间及其配套设备可以极大地提高洗消效率和管理水平，从而更好地保障猪场人员生物安全。

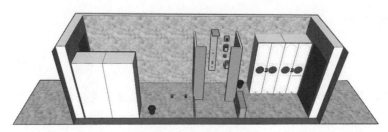

图 5-2　智能洗澡间

二、车辆生物安全

车辆洗消系统可以通过智能车牌识别相机记录车辆进入车辆洗消间的时间，车辆洗消间出口车牌识别相机可以和入口车牌识别相机联动记录并上传对应车辆的洗消时长，系统通过车牌相机确保进入猪场车辆洗消的时长，便于追溯和管理。

除此之外，AI 智能相机可以对车辆洗消过程进行全程监控，确保车辆洗消效果。这种全程监控可以确保车辆在洗消环节洗消流程的规范性，从而达到彻底的洗消效果。

在车辆烘干系统中，使用 AI 测温相机可以精准地测量烘干房内部的温度，从而确保车辆各个区域均可以在适当的温度下完成烘干过程，避免烘干不彻底的情况出现（图 5-3）。

车辆烘干检测系统

单点温度未达到标准
不合格

多点温度达到标准，高温覆盖率低
不合格

合格

图 5-3　车辆烘干检测系统

通过车辆洗消系统和智能化相机、AI 智能相机以及测温相机等配套设备的使用，可以实现对车辆洗消过程的全程监控和管理，从而确保车辆洗消的效果。这种系统不仅可以提高车辆洗消规范性，还可以对车辆洗消流程进行追溯和管理，从而更好地保障猪场车辆生物安全。

三、物资生物安全

物资消毒烘干系统可以通过 AI 相机及人脸相机确认物资进入物资消毒间时间以及消毒间内人员位置信息，当工作人员将物资放入物资消毒间并且人员撤离后，进行物资浸没检测和温度检测，系统后台记录消毒物资信息、消毒温度及消毒时间等信息（图 5-4）。

此外，通过人脸相机识别洗消间进出人员时间及身份信息，确保物资洗消责任落实到个人，通过 AI 智能相机确认人员进行物资洗消流程规范性，对于洗消不规范的物资按照要求重新洗消。

物资烘干系统工作流程与物资洗消相似，工作人员将物资摆放到物资烘干间后人员撤离，AI 智能相机检测烘干间内没有人后等待脏区人员按下开始按钮，两侧门自动锁上进行物资烘干。

物资烘干过程中有 AI 测温相机检测物资烘干间温度是否满足物资烘干标准，当烘干温度不满足条件时，由控制平台给管理人员发送预警信息。通过 AI 智能相机以及 AI 测温相机来保证物资洗消流程的有效性。

总之，物资生物安全系统通过人脸相机和 AI 相机等配套设备的使用，可以实现对物资洗消过程的全程监控和管理，确保消毒效果和规范性。这种系统可以提高物资洗消效率和减少人力成本，同时还可以更好地保障猪场物资生物安全。

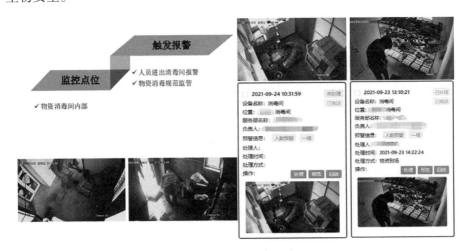

图 5-4　物资消毒系统

智能洗消系统对于生物安全方面进行高质量数据集构建。系统结合YOLO、ResNet、moblienet 进行多尺度训练，实现准确率和计算成本的平衡，通过在厂区提前部署摄像头、利用猪场现有摄像头采集数据、通过猪场人员配合进行实时数据采集等多种方式，辅以科学的数据增强手段，建起高质量数据集会极大适应不同猪场实际情况，根据客户需求进行定制化系统开发。

智能洗消系统结合最新的软硬件解决方案，进行云端智能算法与边缘AI 智能监控的联合部署与联合预警。边缘 AI 监控设备通过其内置的低算力NPU 芯片进行初筛，同时云端高算力服务器对预警图片进行二次精准识别，通过 NVIDIA 最新的 Tensorrt、Deepstream 等技术框架进行硬件加速，研发云地一体先进软硬件架构，实现高精度、低成本产业化部署。

第三节　人员生物安全

现代畜牧养殖行业正朝着规模化、集约化、标准化和数字化的方向发展迈进，与此同时养殖场的生物安全与卫生防疫的落地问题越来越受到重视和普遍关注，对进入生产区域的人员进行切实有效的清洗和消毒（图 5-5），是切断畜禽传染病毒流行的重要举措，除了树立"预防为主、防重于治"的防疫观念之外，借助于现代化科学技术手段，对人员洗消过程进行系统、高效的引导与管控，隔离生活与生产区域，保证场区的生物安全。

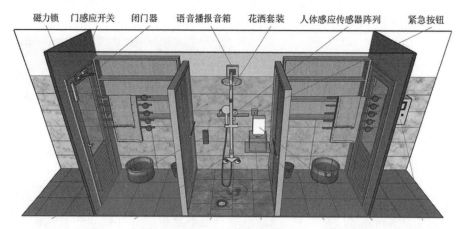

图 5-5　智能洗澡间

本系统通过多种传感控制手段，将单通道人员洗消过程中的人机物进行绑定融合，只有洗消合格才能放行，并且实时推送洗消结果，实现对洗消进程的有效监管。

　　系统通过门禁、泡沫、位置、水流/水温的测控，作为直接或者间接的洗消强制手段，通过语音提醒有序引导洗消流程（图5-6），通过人脸识别将人员的身份信息与洗消动作进行关联，通过用户终端可以随时随地访问现场设备和整场的人员洗消情况。

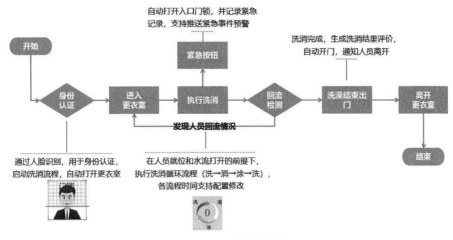

图 5-6　人员洗消流程

一、产品特点

　　（1）自动喷洒泡沫，泡沫溶液混合简单（图5-7）。

　　（2）人员违规回流检测，洗消过程中或者洗消完成后违规回流，强制重新洗消。

　　（3）空间分布人体感应阵列，人员位置监管更到位。

　　（4）事前管控，洗消不合格不放行。

　　（5）参数可配置，可以根据现场实际情况整定出最优控制参数。

　　（6）水温水量监测，间接反映洗消是否异常。

　　（7）支持远程访问，使用移动端或者PC端可随时随地查看整场洗消情况。

　　（8）支持在线升级，可根据客户要求做定制化升级，远程更新程序，便捷高效，节省运维成本。

　　（9）稳定可靠，控制逻辑在本地端设备运行，不受网络离线影响。

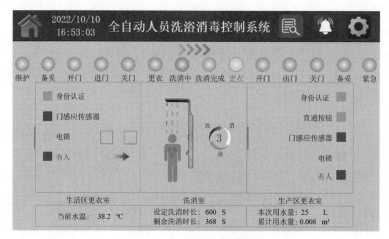

图 5-7　人员洗浴控制系统

二、人员洗消

全程语音提醒，引导人员规范洗消，人员刷脸身份认证通过后，洗消状态指示灯变化，电锁自动打开，人员进入更衣室脱衣，水温超限（超过指定的高温低温限制值）提醒，防止人员在试水温时着凉或者烫伤，确保淋浴体验良好。

洗消工位检测到人员后，洗消开始，在规定位置完成规定的洗消流程算作洗消合格，洗消完成后另一侧电锁打开放行，人员出门后随手关门，一个合格的洗消流程结束；同时生成相应的洗消记录（包括人员信息，洗消结果，水温水量记录）汇总到物联网平台。

红外回流检测，当人员洗消出现违规返回时，上次洗消作废，重新洗消方可放行。

第四节　车辆生物安全

现代畜牧养殖行业发展迅猛，公路车辆运输逐渐成为猪只运输转移的主要方式，车辆运输为养殖场带来运输便利的同时，也对养殖场生物安全与卫生防疫提出了新的要求。车辆的洗消和烘干也是车辆进入猪场的最重要环节，通过 AI 技术，对车辆洗消过程做到全程记录，烘干温度预警，保证车辆洗消效果与车辆生物安全。

车辆生物安全系统通过多种传感器联合工作，从车辆入场开始将车辆与车牌信息进行绑定，做到车辆流动信息全程可追溯。车辆生物安全系统只有对洗消合格的车辆才能进行放行处理，并且实时推送车辆洗消结果。通过入口车牌检测相机和出口车牌相机记录车辆洗消时间，通过车辆洗消处的 AI 相机检测车辆洗消是否规范。用户可通过终端随时随地访问车辆洗消记录和指定车辆洗消情况。

一、产品特点

（1）车牌信息绑定，通过车牌相机将车辆与车牌绑定。

（2）规范洗消流程，通过 AI 智能相机检测车辆洗消流程。

（3）调节烘干温度，通过测温相机了解车辆烘干间整体温度信息，保证烘干温度。

（4）生成洗消日志，记录对应车辆洗消日志。

（5）支持远程访问，使用移动端或者电脑端可随时查看车辆洗消状况。

（6）支持在线升级，可根据客户要求进行定制化升级，远程更新程序，便捷高效，节省运维成本。

二、车辆进场

车辆进场前提交预约申请→审批通过→车辆信息下发至智能电动伸缩门控制终端→车辆到达门口，摄像头自动识别车辆信息→车辆信息比对，比对通过放行（图 5-8）。

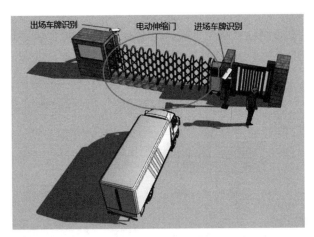

图 5-8　车辆入场

三、车辆洗消

本系统通过多种相机将车辆洗消过程中的人车进行统一管理，通过 AI 智能相机识别车辆车牌信息，确保车辆洗消时长。结合 AI 智能系统对车辆洗消过程进行全程监控，确保车辆洗消效果（图 5-9）。只有洗消合格、烘干满足要求的车辆才能允许进场，并且后台生成车辆洗消日志。

系统通过车牌号码识别、车辆洗消时长检测、车辆烘干时长检测、车辆烘干温度检测等方式对整个车辆洗消流程进行管控，通过语音进行现场实时预警提醒，将生物安全落实到位，通过短信及管理界面等方式通知管理员，方便进行管控。通过车牌识别将车辆信息与洗消时长等信息进行关联，通过用户终端随时随地访问现场设备和车辆洗消情况。

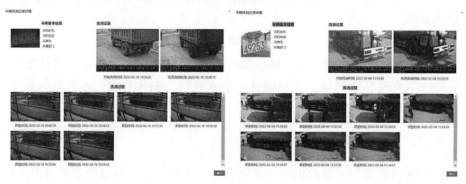

图 5-9　AI 相机监控洗消流程

四、车辆烘干

通过洗消中心测温相机实时监测车体温度，当烘干温度不达标时进行提醒，确保车辆烘干效果。车辆烘干完成后在后台生成烘干记录（图 5-10）。

车体部分温度检测，烘干温度过程实时监测

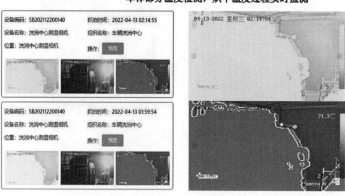

图 5-10　车辆洗消温度检测

第五节 物资生物安全

随着国内非洲猪瘟疫情逐渐严峻，猪场物资生物安全也越来越被重视起来。物资洗消和物资烘干作为物资进场的最后一道防线，要求也越来越严格。系统通过 AI 相机检测物资洗消流程，确保物资洗消符合规范（图 5-11）。通过传感器及温度相机实现物资浸没检测和温度检测。当检测到物资浸没或者温度不达标，则通知管理人员进行重新洗消。当物资洗消完成后在后台生成洗消记录，便于追溯和管理。

物资生物安全系统通过相机及传感器联合工作，从通过 AI 相机检测物资洗消物资投放是否规范，然后通过人脸相机判断洗消间内是否有人员。当物资浸没时，通过传感器检测物资浸没情况，若不达标则提醒现场人员进行人为物资浸没操作；若物资浸没满足条件则进行温度检测，不满足温度条件则提醒现场人员提升温度；若均满足条件则记录物资洗消时间，时间到之后提醒现场人员并上传物资洗消记录，便于后续追溯和管理。

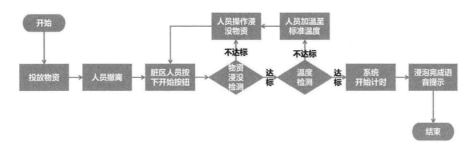

图 5-11 物资洗消流程

一、产品特点

（1）规范洗消流程，通过 AI 智能相机检测物资洗消流程。

（2）物资浸没检测，对于物资浸没不达标的情况进行预警。

（3）洗消温度检测，对于物资洗消温度不达标的情况进行预警。

（4）调节烘干温度，通过测温相机了解物资烘干间温度信息，保证烘干温度达标。

（5）生成洗消日志，记录对应物资洗消日志。

（6）支持远程访问，使用移动端或者电脑端可随时查看物资洗消状况。

（7）支持在线升级，可根据客户要求进行定制化升级，远程更新程序，便捷高效，节省运维成本。

二、物资洗消流程（图5-12）

（1）脏区人员投放物资到浸泡池。

（2）脏区人员按下设备开启按钮。

（3）系统检测物资是否浸没、水温是否达标，二者缺一不可，如二者不达标则需要脏区人员处理。

（4）处理达标后，重新按下开始按钮。

（5）系统开始计时，达到时间后，系统语音提醒以及LED显示通知。

（6）整个浸泡洗消过程系统记录相关数据，后台可查询。

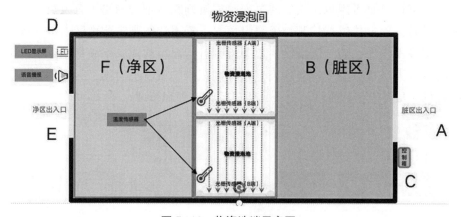

图5-12　物资洗消示意图

操作步骤

A：脏区人员搬送物资进入B区域；

B：进入B区后将物资投放到物资浸泡池中，观察物体是否完全浸没以及水温是否符合要求，如符合，则可离开；

C：按下控制箱开始按钮，通过光栅传感器、温度传感器检测物资浸没程度以及水温，达到要求，系统开始计时；

D：计时结束，LED屏以及语音播报消毒结束；

E：净区人员进入F区域捞取物资。

三、物资烘干流程（图5-13）

（1）脏区人员将物资摆放到货架。

（2）摆放完毕后，脏区人员按下设备开启按钮。

（3）净污区两侧门自动锁上。

（4）当烘干间温度达到标准烘干温度后，系统开始计时，达到时间后，系统语音提醒以及 LED 显示通知。

（5）整个烘干过程系统记录相关数据，后台可查询。

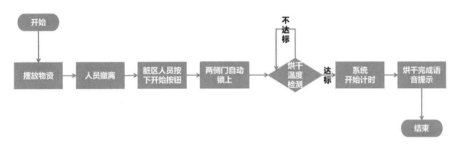

图 5-13　物资烘干流程

第六章　智能化供料系统

第一节　料塔称重系统在猪场的应用现状与问题

随着国内养殖行业散装饲喂的高速发展，猪场的散装饲喂问题越来越多，也越来越凸出，利用物联网、大数据及人工智能等高科技技术，实现提高饲料管理水平、降低养殖成本，以及降低产业链综合运营成本，已经成为畜牧养殖行业迫切的需求。

目前，在料塔称重系统的应用，长期存在一些影响使用的典型问题（图6-1），具体如下。

（1）饲料浪费环节多，管理盲区大（饲料占养殖成本的70%）。

（2）规模化养殖长期缺乏饲料数据支撑（营养、配方、料肉比）。

（3）传统称重设备运行成本高昂（现场人工砝码校准费用）。

（4）传统设备稳定度随时间下降（缺乏校准、精度下降）。

（5）大型养殖场饲料流转过程复杂，诸多业务需求传统设备无法解决。

（6）养殖场与饲料厂沟通盲点，业务协同差（效率低、误漏多）。

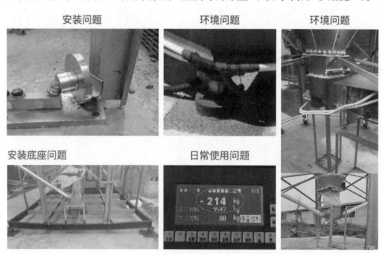

图6-1　猪场现场使用存在的问题

第二节 威固智能料塔称重系统解决方案

英孚智能利用现代前沿科学技术，不断帮助客户降低生产管理成本。

英孚智能利用在 AIoT、人工智能算法领域的经验，联合业内诸多专家，通过技术创新与模式创新，推出威固智能称重系统（图6-2）。系统从支持远程查余料，到大数据监控预防偷料、自动生成饲料订单，再到支持猪场环控数据接入等多种技术，不断攻破降低管理成本的屏障，在降低农牧集团的猪场管理、饲料成本、环控管理等方面获得显著效果。

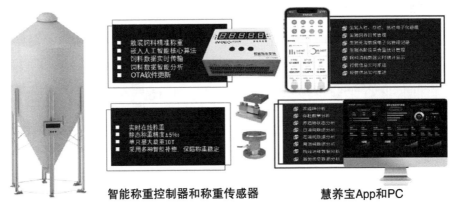

智能称重控制器和称重传感器　　　慧养宝App和PC

核心价值：降低饲料使用成本！减少饲料浪费！提升饲喂效率！

图6-2　智能称重系统

威固智能称重系统主要应用功能如下：

（1）长期精准稳定且综合投入成本最低的智能料塔称重系统。

（2）通过手机 App 随时随地查询养殖场饲料消耗、库存，掌握栋批次饲料消耗数据。

（3）采用边缘计算，实时过滤现场干扰因素导致的异常数据（如：温度变化、异常加载、大风干扰等）。

（4）云端智能算法中心实时监控识别饲料加放过程中的异常行为（如：偷料、边加边放、一车对多塔）。

（5）提供物联网融合服务，系统支持开放式的弹性拓展，可接入第三方物联网设备（如：环控系统、监控系统、料线控制、智能水表、智能电表等），在 App 上可便捷查询物联网数据。

（6）提供安全快捷的数据采集及传输通道，方便集团客户后期拓展各类智能化数据化管理平台。

（7）支持自动生成饲料需求订单，对区域范围内多个养殖场的饲料需求自动收集并发送至饲料厂 MES 系统，帮助大中型畜牧集团实现饲料需求端和生产端的产业链数据联动。

威固智能称重系统实现对养殖数据、饲料数据实时统计分析、深度挖掘数据价值，并以多方式呈现，对养殖中的饲料供应进行全程数字化监管，科学指导生产运营。系统具有开放性的数据共享方式，可兼容从硬件，到应用层、云端对接等多途径、多层次的接入方式，为企业创建或者拓建自有物联网系统提供便捷的数据共享传输途径。

威固智能称重系统主要由 3 个部分组成，创新性的智能硬件、基于开放式架构设计的 App 应用和运营管理中心。

图 6-3　威固智能称重系统产品组成

一、创新性的智能硬件

创新性的智能硬件由智能称重控制器和称重传感器组成。

智能称重控制器能够实现精准称重、实时显示、自动校准、智能补偿等功能，设备定制操作系统，通过嵌入人工智能的核心算法，保障测量的准确性，通信模块将称重数据实时传输养殖场物联网系统，平台对称重数据进行智能分析，深度挖掘其应用价值。

称重传感器采用特殊材质，针对猪场的各种特殊环境，进行了特殊工艺处理，延长了使用寿命。

二、基于开放式架构设计的 App 应用

（1）饲料数据实时掌握

客户通过采购智能称重系统，可免费使用"慧养宝"手机 App，轻松掌握养殖场料塔余料情况、耗料情况、自动统计栋舍日采食量，查看历史数据。

（2）远程校准，无需现场搬运砝码。

三、运营管理中心

（1）强化对整个运营的系统管理，包括硬件和软件的协调、人员协调、数据共享等；

（2）对后台数据的存储、备份和上传云端。

（3）强调对客户的数据反馈。

第七章　中小型企业猪场数字化展示
与管理解决方案

第一节　中小型企业猪场数字化建设背景

　　猪群健康是发挥养猪生产效益的基础保障。在每年全球范围内大量引进核心种质的大背景下，随之带来的猪群健康问题突出，尤其是 2018 年非洲猪瘟等重大烈性疫病突发，对我国生猪生产造成巨大威胁。因此，进一步刺激了我国养猪业千方百计地探索生物安全防控的有效措施。此时，随时信息技术、物联网技术、自动化数字化智能化等技术的发展并且不断地应用于养猪生产场景，以减少在养猪生产中一切不必要的生物安全风险。

　　如上所述，各家企业针对不同的应用场景，为养猪业提供了全面的数字化养猪管理平台解决方案。例如，上海互牧信息科技有限公司"互牧云"猪场管理系统，微猪科技全面的养猪数字化体系，成都英孚克斯公司的"天璇"猪场饲料数字化管理平台与"威固"智能供料系统及"星云"猪场全精细化生产链管控平台，青岛不愁网信息科技有限公司的"人、车、物"智能洗消系统等。但是，以上各大平台多数是全面地服务于大型的集团化农牧企业，数字化体系覆盖全面但成本较高。然而，我国作为全球最大的生猪养殖国和猪肉消费国，每年生猪出栏约 7 亿头、猪肉产量 5 000 多万吨，但这些更多的来源于中小企业（行业集中度 20% 左右）。中小企业猪场对较低成本的数字化展示与管理解决方案也具有较大的市场需求。此外，一些畜牧业相关科研院所的试验基地等也具有一定的市场需求。

第二节　中小型企业猪场数字化解决方案

　　中小型企业猪场数字孪生展示与管理系统，是集成 AIoT、数字孪生、云计算、GIS 等底层技术，通过对猪只、生产与育种设施设备、猪舍以及周边环境、地形地貌等立体多层次对象进行 1∶1 三维建模，同时结合各类物联网传感器的接入，构建猪育种科研基地的虚拟全景可视化交互平台，实现前端基地现场的猪只、环控、设备等核心模块的动态感知、后端决策的可视交互与远程操控等一整套的现代化猪场（试验基地）的生产与育种智慧管理解决方案。具体包括以下几个方面。

1. 透明猪场工程

通过对猪舍内外、场区内外监控设备的全面部署，实现整个场区的全天候实时监控与预警，实现基地的透明管理。

2. 智能环控系统

通过人工智能物联网技术，在猪舍内外部署温湿度、氨气、PM2.5 等物理监测传感器，实现猪舍环控的精准监测与智能感知；此外，将水、电、气等设备接入平台，并在平台上建立相应的环控和能耗管理及预警机制，形成辅助生产的一体化管控体系。

3. 猪只盘点与健康监测

基于 AI 巡检的自动巡航，通过机器人的深度相机模块获取图像信息，并利用机器视觉技术实现猪只盘点；同时通过机器人的热成像模块实现 24h 实时的热成像测温、群体活跃度分析等健康监测。

4. 母猪体况管理与精准饲喂

基于 AI 巡检的自动巡航，利用机器人的深度相机模块获取图像信息，通过机器视觉等 AI 技术实现母猪体况的精细管理，进一步实现母猪的精准饲喂。

5. 智能表型测定体系

一方面，基于智能巡检机器人获取猪只图像，结合机器视觉等图像处理技术，实现猪只体尺、体重的高通量精准预测；另一方面，通过专门开发的智能电子笼称实现对猪只活体背膘、瘦肉率等重要经济性状的估测。

6. 育种与生产管理数据的可视化

基于人工智能物联网与数字孪生等关键技术，可实现生产指标、育种进展等数据信息的可视化展示。

第三节 中小型企业猪场数字化案例展示

佛山鲲鹏现代农业研究院猪育种科研基地（以下简称"育种基地"或"基地"）数字孪生系统是由中国农业科学院深圳农业基因组研究所 / 佛山鲲

鹏现代农业研究院绿色健康养殖研究中心唐中林研究员团队开发的低成本、高质量的展示与管理平台。功能展示如下。

（1）通过1:1立体多层次对象进行三维建模（图7-1），可向参观者和管理者展示猪场猪舍以及场内外的周边环境、地形地貌等情况；通过猪舍内外、场区内外监控设备的全面部署，实现整个场区的全天候实时监控与预警，实现基地的透明管理；同时可实时展示基地介绍、存栏概况（规模、品种等情况）、环境监测数据与预警、粪污处理及水电使用等生产与管理的数据信息，供参观者交流和管理者决策。

图7-1 数字孪生系统首页

（2）以种猪测定舍为例，呈现具体猪舍的相关展示与管理功能。由首页点击"测定舍"按钮，进入测定舍页面，如图7-2所示：①测定舍的位置、整体布局等情况；②左侧数据栏显示本栋猪舍实时存栏品种及数量、按生产阶段划分的体重情况、基于种猪测定站采集的分猪品种的日均采食次数、日均采食时间及日均采食量等情况；③右侧数据栏则显示健康状况数据、水电使用及实时监控等情况。

（3）以种猪测定舍为例，如图7-3所示进入测定舍内部，可展示：①猪栏布局情况；②种猪性能测定站、滑轨巡检AI机器人、水帘风机等硬件设施设备；③猪只分布情况等。

图 7-2　种猪测定舍生产管理情况

图 7-3　种猪测定舍内部运行情况

（4）猪只状态展示。以种猪测定舍为例（图 7-4），通过 1:1 三维建模，可分品种（如巴马香猪、藏猪、隆林猪、环江香猪、陆川猪、长白猪等）真实地实时展示猪只不同行为状态（如行走、站立、坐卧等）。

图7-4 猪只状态展示

（5）猪只生产与育种信息展示。以种猪测定舍为例，进入测定舍页面，点击某头猪只即可显示其生产与育种相关数据（图7-5），包括所在种猪测定站编号、猪只ID、品种、级别、日龄体重、背膘厚、料重比、选择指数等信息（注：图中数据为模拟展示数据，不对应猪的实际数值）。

图7-5 猪只生产与育种信息展示

（6）环境监测与预警功能。以母猪分娩舍为例，由首页点击"分娩舍"按钮，进入分娩舍页面，即可显示分娩舍相关生产与管理数据（图7-6）。页面顶部正中位置则显示该栋舍的环境监测数据，包括温度、湿度及氨气浓度等数值。其中数值为蓝色时，则表示该数据处于预设安全阈值范围内；数值为红色时，则表示该项数据超过预设安全阈值，需要管理者根据实际情况及时做出决策。

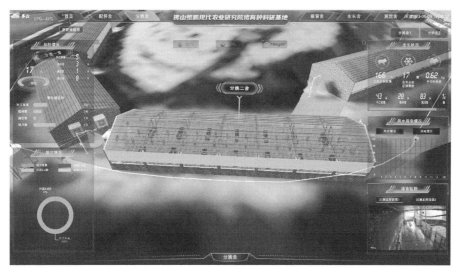

图7-6　环境监测信息预警

（7）种猪智能测定笼开发与应用。种猪生产性能测定是育种工作最为费时费力的一个重要环节，同时是所有育种工作的基础。现有的性能测定技术方法多基于感官、传统仪器设备进行评定或测定，如在种猪100～115 kg结束生长育肥进行结测时，通常使用电子笼称重并使之固定，再使用背膘仪测定其活体背膘及眼肌面积。其数字化和智能化程度低，存在评定不够客观与精准、测定通量不够高、高度依赖人工等不足。因此，结合新一代信息技术，探索并构建高通量、精准智能化种猪生产性能测定设备与技术尤为必要。根据试验基地的育种需求，并针对上述现有技术中的问题，唐中林研究员团队研发了一种智能种猪测定笼（图7-7），该设备集成笼体、个体识别设备、图像采集设备于一体，在保证电子笼称的个体识别、称重等基本功能之外，可通过工业摄像头等图像采集设备获取个体图像信息，并进一步通过机器视觉技术对受试猪只的实时体重、体尺、活体背膘、眼肌面积甚至体积与密度等指标进行精准估测，以实现种猪生产性能指标的高通量精准智能化获取。

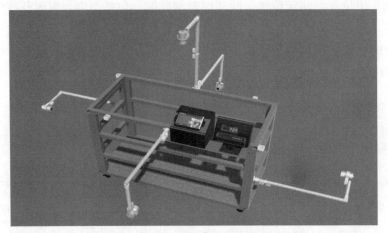

图 7-7　一种种猪智能测定笼

第三篇

中国生猪产业智能化装备创新平台

现在的智能化养猪装备企业已与原有设备工厂完全不同，书中介绍的这些高科技装备公司都是根据猪场发展需求定向开发产品，立项明确，重点攻关，形成一个又一个专项创新平台。编者系统梳理了企业在平台创新点、创新理念，有些方面提炼还不到位，但这必定是一种有效尝试。

第一章 EPC 创新平台

EPC（Engineering Procurement Construction），是指承包方受业主委托，按照合同约定对工程建设项目的设计、采购、施工等实行全过程或若干阶段的总承包，并对其所承包工程的质量、安全、费用和进度进行负责。

EPC 创新平台也就是猪场建设交钥匙工程。近年来，很多猪场建设总是由有能力、有实力、有经验的 EPC 承包项目建设，企业实施总承包工程，从项目全局思考，最大限度实现猪场建设标准化、系统化、经济效益最大化。

一、天津大鸿恒翔机械有限公司 EPC 创新平台

【平台概述】天津大鸿恒翔机械有限公司是集规划设计、产品研发、制造、工程施工、服务于一体的现代畜牧设备专业创新平台，提供养殖场的整体解决方案，打造"EPC 交钥匙"工程。公司具有较强的自主创新、研发、设计能力，获得多项国家专利，是国家级高新技术企业。公司拥有"大鸿""大鸿畜牧"注册商标和自营进出口经营权，通过并持续保持 ISO9001 国际质量体系认证。

【平台创新点】一是用系统思维理论指导生猪产业制造装备衔接与总装；二是用工程防疫理论指导猪场设计与布局；三是以成本合理理念设计猪舍装备。共获得 38 项发明专利和实用新型专利。

【平台创新理念】天津大鸿恒翔机械有限公司以先进的技术、优质的产品、完善的服务，促进中国畜牧业的发展为宗旨，秉承"诚信、责任、共赢"的核心价值观，坚持"创新、高效、自律"的经营文化，立志成为畜牧机械行业最优秀的公司，并以先进的技术、科学的管理、完善的人才配置服务于社会。

【平台影响力】天津大鸿恒翔机械有限公司产品销售到国内 29 个省市区，并先后出口到日本、德国、俄罗斯、西班牙、英国、挪威、朝鲜、韩国、南非、新西兰等国家，与温氏、新希望、中粮、正大、正邦、禾丰、天兆猪业、大伟嘉、大好河山集团等国内、国际知名企业建立了合作伙伴关系。

【平台实力】天津大鸿恒翔机械有限公司作为北京大鸿的全资子公司，坐

落在天津宝坻经济技术开发区，是北京大鸿恒丰牧业科技有限公司投资建设的生产、研发基地，占地45亩（1亩≈667m²，15亩=1hm²），其中10 000m²加工车间1座，3 000 m²库房1座，1 500 m²办公楼1座和2 000 m²宿舍楼1座及其他附属设施。拥有剪板机、折弯机、数控冲床、自动焊接机械手等现代加工设备。

二、安徽斯高德农业科技有限公司 EPC 创新平台

【平台概述】安徽斯高德农业科技有限公司是一家集农场规划设计、设备供应、安装交付、设备托管、生产耗材销售于一体的养殖场全生命周期服务商创新平台。

【平台创新点】一是从猪场经营全生命周期设计猪场工艺、设备配备；二是坚持系统控制理论指导设计，体现设计各环节的价值与寿命；三是坚持精准设计指导生产。

【平台创新理念】安徽斯高德农业科技有限公司为客户着想，坚持驱动资源价值，定义未来养殖；把握关键资源增效路径，引领行业前沿话题。2021年，安徽斯高德新增环保事业部、家禽事业部、云农仓科技板块，标志着公司朝向多元化发展。

【平台影响力】安徽斯高德农业科技有限公司目前已为多家知名大型养殖生产企业提供优质服务，完工项目达100余个，累计服务企业达100余家。

【平台实力】安徽斯高德农业科技有限公司旗下有多家子公司，拥有自己的研发团队和技术设计团队。

三、青岛银巢机械有限公司 EPC 创新平台

【平台概述】青岛银巢机械有限公司于1998年建成，是从事养猪生产总承办设计、组织、施工和后期规定年限维护的全生产过程、猪场全生命周期的 EPC 创新平台。

【平台创新点】一是猪场各环节设备精细化；二是猪场各环节整体性、一致性稳定、衔接精准。

【平台创新理念】青岛银巢机械有限公司坚持以"质量第一，信誉至上，全心全意为用户服务"的宗旨。在产品质量和服务质量上进行长期不懈的努力，取得了可喜的成果，今后还将继续不懈努力，孜孜不倦，追求卓越。"栽好梧桐树，引来金凤凰"。

【平台影响力】青岛银巢机械有限公司承揽全国大型或超大型工厂化猪场总承包项目，获得客户好评。

【平台实力】青岛银巢机械有限公司现有技术骨干 50 多名，技术力量雄厚，设备先进，设计开发能力强。

四、重庆大鸿农牧机械有限公司 EPC 创新平台

【平台概述】重庆大鸿农牧机械有限公司是民营股份制企业，主要从事研发、加工、销售及安装畜牧机电设备、温室设施设备、农业设备零备件、模具、五金制品；新能源技术的推广及应用，农业工程设计、咨询；自动化控制系统集成。

【平台创新点】一是从一块土地开始规划猪场；二是按照优选法设计理念设计生产工艺；三是按照自然、环境、社会经济、市场角度规划和配置资源。

【平台创新理念】重庆大鸿农牧机械有限公司打造可靠的产品质量、卓越的性能、因地制宜的设计方案、良好的企业形象等，为广大客户提供更加优质的服务。公司秉承高起点、高效益、高效率的原则，在畜牧养殖设备行业内都保证与世界同等服务的先进性和实用性。创新是永不懈怠的宗旨，在新老客户的大力支持和帮助下，提高企业核心竞争力，使企业健康稳健地向前发展。

【平台影响力】重庆大鸿农牧机械有限公司以其雄厚技术研发能力、成熟的项目管理经验和优质的售后及延伸正逐渐成为养殖设备行业的知名品牌。创新是永不懈怠的宗旨，重庆大鸿公司在新老客户的大力支持和帮助下，提高企业核心竞争力，使企业健康稳健地向前发展。

【平台实力】重庆大鸿农牧机械有限公司先后获得一种分娩栏总成、一种育肥猪只饮水系统等 31 项专利技术。

五、山东牧歌畜牧器材有限公司 EPC 创新平台

【平台概述】山东牧歌畜牧器材有限公司位于山东省禹城市，成立于1999 年，公司主要产品有：大管径输送料线系统、液态料集智饲喂系统、智能饲喂控制器、猪场自动饲喂系统、猪用人工授精系列产品、猪场周边器材等。

【平台创新点】山东牧歌畜牧器材有限公司研发生产的 40、60、80、102、133、160、219、270 等管链智能供料系列产品，为养殖企业特别是受非洲猪瘟影响严重的企业，提供了全方位饲料输送解决方案，填补了国内饲料输送行业的空白，使猪场养殖更科学、更智能、更现代、更安全，把养猪变成一项轻松快乐的工作。

【平台创新理念】山东牧歌畜牧器材有限公司将充分发挥自身优势，秉承

"科技领先，服务市场，诚信待人，追求完美"的宗旨，"产品就是人品"的企业理念，不断进行技术创新、设备创新、服务创新和管理创新，为客户提供科技化、智能化、精细化的畜牧养殖设备解决方案，推动中国畜牧业的发展，打造中国畜牧行业新未来。

【平台影响力】山东牧歌畜牧器材有限公司与牧原、正邦、新希望、双胞胎等国内养殖龙头企业有着广泛的合作，积累了丰富的行业经验。已通过 ISO9001 质量管理体系认证，ISO45001 职业健康安全管理体系认证及 ISO14001 环境管理体系认证，为实现中国料线一流品牌的目标奠定坚实基础。

【平台实力】山东牧歌畜牧器材有限公司是一家集畜牧养殖设备创新、自主设计研发、生产安装、销售、服务于一体的现代化大型企业。公司拥有厂房 50 000 多平方米，员工 400 余人，安装队伍 30 多个；其中研发技术人员 50 余人，获得产品专利 20 多项。

六、广东广兴牧业机械设备有限公司 EPC 创新平台

【平台概述】广东广兴牧业机械设备有限公司隶属于广东省现代农业装备研究所（原广东省农业机械研究所，广东省农业农村厅公益二类事业单位），专业从事机械化、自动化、智能化养猪成套设备的研发、制造及推广的国有高新技术企业。公司成立于 1985 年，是国内最早从事畜牧机械设备研发、生产、销售的公司。经过近 40 年的发展，在养猪设备设计方面积累了丰富的专业知识和经验，能为养猪企业提供专业的总体规划设计、生产线工艺设计以及系列化成套养猪设备的配套生产和安装服务。

【平台创新点】广东广兴牧业机械设备有限公司根据对养猪产业未来发展的认识，在巩固原有围栏设备和送料设备的基础上，逐步向自动化、数字化、智能化的方向发展，先后开发出系列的自动化和智能化的产品，如：种猪测定系统、种禽测定系统、精准喂料系统、智能料塔称重管理系统、母猪群养采食站、智能过道称重系统、育肥猪智能称重分栏系统、自动环境控制系统等，并向市场进行大面积推广应用。

【平台创新理念】广东广兴牧业机械设备有限公司坚持用智能化整包技术武装猪场；坚持以人为本理念开发新产品；坚持客户至上理念解决客户方案。

【平台影响力】广东广兴牧业机械设备有限公司的系列产品遍布全国 20 多个省市以及亚洲部分国家或地区的上千家工厂化养猪场，先后与一大批农牧企业、大型养猪公司及科研单位、政府机构建立长期稳定的合作关系，如：温氏、东瑞、扬翔、金新农、罗牛山、天邦等，广泛受到用户好评。

【平台实力】广东广兴牧业机械设备有限公司目前拥有授权专利 80 项，其中发明专利 10 项，软件著作权 21 项，研发产品获得科技奖励 6 项，先后被评为广州市农业龙头企业、广东省守合同重信用企业、广东省专精特新中小企业、国家高新技术企业等。

七、四川省鑫牧汇科技有限公司 EPC 创新平台

【平台概述】四川省鑫牧汇科技有限公司是一家集畜牧机械设备、环保设备、实验室设备科研、设计、生产、销售、服务于一体，以"汇集牧业鑫科技 提供养殖心服务"为理念的现代化农牧企业。

【平台创新点】四川省鑫牧汇科技有限公司有"未建先见"的服务思想，根据客户需求，构建一个与未来一致的猪场，做到效果与实景的一致性。

【平台创新理念】四川省鑫牧汇科技有限公司在国内首次提出"预建猪场"理念，由专业 BIM 工程师，使用 Revit 建模软件，通过建模，规避猪场建设中会遇到的问题，将猪场提前、立体、完整地呈现到客户与建设方面前，真正做到"未建先见"。

【平台影响力】四川省鑫牧汇科技有限公司配备专业设计团队，能提供从猪场选址到施工图设计的全套设计图纸，并通过采用新技术、新方法进行猪场深化设计。鑫牧汇除了为客户提供猪场交钥匙工程以外，还为客户提供一整套基于实际猪场搭建的整场设备控制和数据监视物联网平台，帮助客户实现高效、安全、轻松管理。

【平台实力】四川省鑫牧汇科技有限公司主营业务为猪场 EPC 建设工程，包含猪场规划及施工设计，土建钢结构施工，设备采购、安装及售后服务，环保工程。公司不断创新创造，拥有发明专利 1 项，实用新型专利 20 项，软件著作权 1 项，具备建筑工程总承包三级资质、环保工程专业资质及施工劳务资质。

八、北京京鹏环宇畜牧科技股份有限公司 EPC 创新平台

【平台概述】北京京鹏环宇畜牧科技股份有限公司是一家专业从事现代化畜牧场规划设计和建造的高新技术企业，是北京科技研发开发机构，是中国畜牧业协会、中国奶业协会副会长单位，拥有设计、施工、生产、研发等 20 余项资质。

【平台创新点】北京京鹏环宇畜牧科技股份有限公司在业内率先推出"交钥匙"工程服务，提供从畜牧场选址、规划设计、工程建造到设备生产安装、管理培训、技术服务于一体的畜牧场整体解决方案。目前，"交钥匙"工程已

经升级至 6.0 版本——"e+ 智慧生态畜牧场"。

【平台创新理念】北京京鹏环宇畜牧科技股份有限公司规划设计服务：畜禽场、家庭牧场、农牧产业园、种养加一体化、田园综合体等选址、规划、工艺与工程设计。生态环保解决方案：不同模式畜禽场废弃物资源化利用解决方案。

【平台影响力】北京京鹏环宇畜牧科技股份有限公司在养殖设备技术研发和成果转化上都处于行业前列，为畜禽场提供先进的设备解决方案，涉及产品包括：挤奶设备系统、福利地板系统、栏体系统、智能饮水系统、智能环境控制系统、智能饲喂系统、智能粪肥处理利用系统、新能源利用系统、智能生物安全系统、物联网管理系统等 400 余套设备。

【平台实力】北京京鹏环宇畜牧科技股份有限公司关注安全、健康、福利、环保、生态、可持续发展、新能源利用等，在畜牧养殖领域不断创新（行业奖项 100 多项、专利 120 多项、行业标准 2 项），积极推广种养加一体化及田园综合体等新型农业经营模式，致力于构建现代化的智慧生态畜收场，为农场动物建造经适安全的居住生活，为终端客户提供更安全、更品质、更美味的食材。

九、青岛意联机械工业有限公司 EPC 创新平台

【平台概述】青岛意联机械工业有限公司创立于 1998 年，专业提供现代化畜牧生产所需的全套设备，包括各种栏体、自动饲喂系统、自动环境控制系统、畜禽粪便清理系统、高效环保粪肥处理系统等，提供现代化的规模猪场、牛场、羊场一站式交钥匙工程建设。

【平台创新点】青岛意联机械工业有限公司投资 2 亿多元建设了智能化生产基地，引进了大型激光切割机、自动焊接、自动运输等智能设备，建有 3 万多平方米的仓库和 3 200 个货位的全自动立体仓库，MES 生产管理系统、WMS 仓库管理系统，实现了智能加工、生产数据收集、生产过程监控、生产过程质检和产品质检、设备管理、仓库管理的自动化。

【平台创新理念】青岛意联机械工业有限公司秉承"诚信、品质、创新、服务"的经营理念，致力于现代化畜牧养殖设备的研发，为国内外客户提供满意的产品、周到的服务。

【平台影响力】青岛意联机械工业有限公司创立初以外销为主，业务遍及欧洲、南美洲、北美洲、澳洲、非洲、亚洲等众多国家和地区。2010 年起，公司拓展国内业务，为国内规模猪场提供总包工程建设服务，先后与新希望集团、海大集团、特驱希望集团、广西农垦集团、天邦食品股份、广西力源

集团、双胞胎集团、温氏股份、牧原集团、环山集团（万科）、广州越秀农牧、金新农集团、湖北神童牧业、新大牧业、深圳京基智农等大型养殖企业建立了战略合作伙伴关系。

【平台实力】青岛意联以研发创新促发展，内部管理抓品质。自公司成立以来，先后取得了 3 项发明专利，15 项实用新型专利，6 个软件系统取得国家版权局《计算机软件著作权登记证书》，6 类产品通过农业农村部农业机械试验鉴定总站的推广鉴定，取得《农业机械试验鉴定证书》，通过了中国 ISO 9001 质量体系认证、知识产权管理体系认证，荣获国家级高新技术企业称号。

十、青岛赛美畜牧工程有限公司 EPC 创新平台

【平台概述】青岛赛美畜牧工程有限公司成立于 2013 年，目前已发展成为包括青岛美农钢结构工程技术有限公司、烟台美晟机械制造有限公司、青岛乐邻智慧农业有限公司、青岛赛美工程安装有限公司 4 个子公司在内的全工程体系公司。

【平台创新点】青岛赛美畜牧工程有限公司多年来致力于建设完善以"产品"为核心的两个质量标准体系，以"P（Product 产品）P（Process 工艺）C（Construction 施工）S（Service 服务）"为核心的质量管理体系，以及"客户至上"的售后服务体系，确保为客户提供高质量的精品工程和服务体验。

【平台创新理念】青岛赛美畜牧工程有限公司把"推动中国养猪业发展"作为企业的责任和使命，专注于养猪业，专注于高效猪场模式的推广，为客户提供"猪场选址、方案规划、投资预算、土建督导、钢结构施工、设备设施配置、安装、调试、维护以及人员培训"在内的一体化解决方案。

【平台影响力】青岛赛美畜牧工程有限公司做中国最专业的猪场 EPC 集成商，为客户建造"简单、高效、可靠"的猪场，将积累的成功经验服务于行业，用不懈努力成为中国智慧养猪的领导者。

【平台实力】青岛赛美畜牧工程有限公司拥有业内一流的研发、设计、运营、安装施工及售后服务团队。先后获得一种猪场饲喂栏圈、畜牧饲养的智能自动化定时定量饮食器等 57 项专利。

十一、青岛大牧人机械股份有限公司 EPC 创新平台

【平台概述】青岛大牧人机械股份有限公司于 2005 年在青岛成立，旗下拥有青岛大牧人畜牧工程有限公司、大牧人机械（胶州）有限公司、青岛中牧国际贸易有限公司 3 家全资子公司。是一家集规模化畜禽养殖装备研发、

工程设计、生产制造、安装与服务为一体的高新技术企业，主要产品为肉禽、蛋禽、养猪全套规模化、智能化养殖装备。

【平台创新点】青岛大牧人机械股份有限公司围绕养殖业生产工艺、自动化程度开展攻关，为推进生猪产业智能化和无人猪场进行创新研发。

【平台创新理念】青岛大牧人机械股份有限公司以"让养殖变得简单、可靠、环保、高效"为企业使命，始终为客户提供优质的产品和专业的服务，产品质量和服务赢得国内外客户的认可和良好的社会信誉。

【平台影响力】青岛大牧人机械股份有限公司产品出口亚洲、欧洲、南北美洲、非洲、大洋洲六大洲在内的 80 多个国家和地区，与国内外大集团公司建立了战略合作关系。立足行业发展趋势，接轨国际新动态进行新产品、新技术、新工艺的研究开发，销售及售后服务网络遍布世界各地。

【平台实力】青岛大牧人机械股份有限公司拥有雄厚的技术研发团队，先后获得"国家高新技术企业""国家专精特新小巨人""山东省企业技术中心""山东省专精特新企业""山东省创新潜力 100 强""青岛市民营企业 100强""中国产学研合作创新成果一等奖""中华农业科技奖一等奖""教育部科学技术进步奖一等奖""青岛市级农业产业化龙头企业"等多项荣誉。参与国家"863 计划"畜禽环境监控与数字化养殖关键装备开发、国家重点研发计划"畜禽重大疫病防控与高效安全养殖综合技术研发"，并牵头青岛市科技惠民示范引导专项"楼房养猪通风模式创新及精准饲喂系统研究应用"项目。先后获得一种养殖舍压力调节系统及调节方法、接水杯（自清洁型）等 380 项知识产权和专利。

十二、南牧装备科技有限公司 EPC 创新平台

【平台概述】南牧装备科技有限公司成立于 2007 年，是温氏食品集团股份有限公司下属成员企业。是一家专注现代农场建设，提供设计、生产、工程和售后运维一体化服务的现代农场综合服务商，致力于构建全方位养殖服务体系，助推畜牧业高质量发展。

【平台创新点】南牧装备科技有限公司创建"产、学、研、用"四位一体的技术平台；创建了人流、物流、猪流的生物安全的总成系统。

【平台创新理念】南牧装备科技有限公司从猪场实际出发设计猪场，从猪场实际出发研发装备，一切创新来自生产实践的需求。

【平台影响力】南牧装备科技有限公司拥有专业化技术研发团队，与华南理工大学、华南农业大学等科研院所开展长期技术合作，致力于搭建"产、学、研、用"四位一体的技术平台；公司整合全球先进畜牧设备资源，创建

农牧装备聚集平台，打造农牧装备产业生态圈。力争行业领先，创畜牧设备第一品牌。

【平台实力】南牧装备科技有限公司先后获得一种养殖场精准饲喂系统、一种外接式正压空气过滤系统等专利 186 项和一些软件著作权等。

十三、青岛泽宇凯昇机械制造有限公司 EPC 创新平台

【平台概述】青岛泽宇凯昇机械制造有限公司成立于 2014 年，是一家集产品研发、生产、销售、服务为一体的综合型服务制造商，2018 年正式进入畜牧装备领域，经营模式"产销一体"，主营产品为现代化畜牧养殖设备和农业机械装备。

【平台创新点】2022 年公司正式成立国贸部进军国际市场，经过多年潜心研发、不断试验创新，已完全掌握了有机废弃物处理的整套流程，将把畜禽粪污处理设备打造为亚太地区第一品牌。

【平台创新理念】青岛泽宇凯昇机械制造有限公司坚定"正确、高效、创新"理念，以"推进现代农业产业化"为目标，按照科学发展观的要求，为建设资源节约、环境友好型畜牧业；建设人与自然和谐、以人为本的健康型畜牧业；建设循环经济可持续发展型畜牧业做出努力。青岛泽宇凯昇将继续立足农业，向山地、大棚、小型智慧农用机械设备方向研发生产，推进国家智能化农业的发展进程。

【平台影响力】青岛泽宇凯昇机械制造有限公司，2019 年参与青岛市"科技惠民项目"并于 2021 年 12 月通过验收，2020 年被评为"高新技术企业""专精特新企业"。2019 年以来，公司销售额连续多年过亿。目前销售及售后服务网络遍布南亚、东南亚地区及全国各省市。与新希望集团、正大集团、温氏集团、越秀集团、京基智农、江苏农垦、海南农垦、东方希望等国内外集团公司及一带一路、上合组织沿线国家建立了战略合作关系。

【平台实力】

青岛泽宇凯昇机械制造有限公司先后获得一种母猪自由采食器、一种均匀下料的精准饲养喂料槽等 49 项专利。

十四、青岛鑫光正牧业有限公司 EPC 创新平台

【平台概述】青岛鑫光正牧业有限公司是一家集研发设计、生产制造、安装售后、智能化畜牧养殖设备的一体化公司，始终站在养殖者的角度，持续深入全球市场调研，面向全球提供产品服务，是中国"一带一路"发展倡议的先行者。

【平台创新点】一是猪场生产工艺与装备高度配套的创新系统；二是技术装备与猪场全生命周期一致的创新系统和工艺与技术领先的创新工艺思想。

【平台创新理念】青岛鑫光正牧业有限公司坚持公司与员工、公司与股东、公司与客户、公司与社会环境同频共振的创新管理理念；坚持客户120%满意的让利思想。

【平台影响力】青岛鑫光正牧业有限公司20多年的文化底蕴和钢结构全屋系统的丰富经验，在畜牧养殖产业板块建立钢结构＋养殖设备、养殖空调、智能环控系统、物联网于一体的畜牧养殖全屋系统。以项目为纽带与中国农业大学、牧原股份、扬翔股份、新希望六和股份、东方希望集团、双胞胎集团、温氏股份、正邦集团等形成合作。

【平台实力】青岛鑫光正牧业有限公司先后获得一种猪舍用粪尿分离装置、一种猪舍用自然换气通风装置等41项专利。

十五、江西增鑫科技股份有限公司 EPC 创新平台

【平台概述】江西增鑫科技股份有限公司是一家拥有自主知识产权的集设备研发、生产制造、销售服务为一体的国内领先生猪养殖成套技术型企业，公司的主要产品包括生猪养殖栏架系统和生猪养殖自动化设备，其中生猪养殖栏架系统主要包括定位栏系统、分娩栏系统和育肥栏系统等，生猪养殖自动化设备主要包括饲料投喂系统、环境控制系统和环保系统等。

【平台创新点】江西增鑫科技股份有限公司有畜牧工程EPC项目、畜牧设备制造与配套、畜牧生态养殖三大板块，实现了从规划、设计到工程施工、全套设备配制及生猪饲养管理一条龙服务。

【平台创新理念】江西增鑫科技股份有限公司以"绿色、和谐、财富、奉献"为核心价值观，倡导"增鑫一生、快乐一生"的人文理念，以"技术推动畜牧产业进步，打造低耗高效的绿色牧业"为使命，通过不断探索生命科学、构建生态畜牧，推动绿色、环保、节能、高效猪场建设进程。立志成为中国"高效养猪系统装备领导者"，用更好的产品与服务帮助更多的养猪人，推动中国猪业向现代化、智能化发展。

【平台影响力】江西增鑫科技股份有限公司于2014年、2017年、2020年连续被授予"高新技术企业"称号，2018年12月公司获得江西省"省级企业技术中心"称号；2019年获得江西省"省级企业工程研究中心"和"省服务型制造示范企业"称号；2020年列入"江西省先进制造业和现代服务业融合发展试点名单（第一批）"。2016年2月1日，增鑫科技公司在新三板成功挂牌，目前正在接受国信证券A股上市辅导。

【平台实力】江西增鑫科技股份有限公司先后获得一种畜牧风机用复合材料扇叶、一种畜牧用车辆智能洗消系统等 193 项专利。

十六、青岛兴仪电子设备有限责任公司 EPC 创新平台

【平台概述】青岛兴仪电子设备有限责任公司致力于孵化设备、养禽设备和养猪设备的研发、生产和服务，孵化场、养禽养猪场工程的设计、配套和施工，历经 30 多年发展，已成长为行业主要的养殖装备及工程服务提供商。

【平台创新点】青岛兴仪电子设备有限责任公司创新点是以循序渐进的基本原则，从简单设备入手，一手深入基层调研，走访市场，根据市场需求开展科研攻关，坚持以市场为导向，坚持以猪场需要为抓手，开发适合市场需求、成本合理的生猪畜牧产品。

【平台创新理念】青岛兴仪电子设备有限责任公司秉承的创新理念是实践第一、客户第一、成本为王。

【平台影响力】青岛兴仪电子设备有限责任公司研究领域不断拓展，产品体系不断完善，产品已覆盖养殖产业链中绝大多数环节，不仅提供孵化设备、自动化设备、孵化场环控设备、禽舍环控设备、家禽平养和笼养设备，猪场环控设备、空气过滤系统、供喂料设备、各种栏位等，还为客户提供现代孵化场和养殖场整体解决方案及交钥匙工程。

【平台实力】青岛兴仪电子设备有限责任公司依爱系列产品先后荣获国家"星火"二等奖、联合国"发明创新科技之星奖"，并拥有各种知识产权 179 项，其中"依爱孵化设备"获得山东省著名商标和安徽省名牌产品证书。先后获得配重方法及系统、一种在线无损检测草莓可溶性固形物含量的系统及方法等国家专利 155 余项。

十七、青岛瑞和农牧设备有限公司 EPC 创新平台

【平台概述】青岛瑞和农牧设备有限公司是一家从事物联网应用设计、生产、销售规模化与现代化畜禽养殖装备的高新技术企业。公司主要经营畜禽养殖设备制造、安装、销售及服务；养殖场所设计、养殖场工艺设计、养殖技术、养殖方案的咨询服务；土建工程、钢结构工程的设计施工。

【平台创新点】青岛瑞和农牧设备有限公司集产品研发、工程设计、制造、安装与服务为一体，是国内外第一家将无线控制理念贯穿整个产品线的公司，在无线控制上具有深入的研发积累，形成了完全自主知识产权的自组网、抗干扰、低时延、大设备容量的分布式协同控制的 SWARM 核心技术，并在未来能够在养殖领域（以及更多相关物联网领域）中的无线控制技术上

形成更高的技术（与系统研发）壁垒。

【平台创新理念】青岛瑞和农牧设备有限公司始终秉承科技成就健康美好生活共享的基本理念。坚持国际视野、立足民族产业振兴；坚持高标准研发，立足维护方便的原则，降低非生产成本的增加，受到业界欢迎。

【平台影响力】青岛瑞和农牧设备有限公司从售前咨询、方案、设计、牧场建设（土建 / 钢构）、制造、安装、培训等提供一站式服务，实现交钥匙工程。公司拥有好的产品和专业的销售和技术团队，始终为客户提供好的产品和技术支持、健全的售后服务。

【平台实力】青岛瑞和农牧设备有限公司获得知识产权 8 项，其中专利 2 项，包括：一种养猪用的自动清理污水设备、一种猪场投料线的储料装置。

第二章　物联网技术创新平台

一、广州荷德曼农业科技有限公司物联网技术创新平台

【平台概述】广州荷德曼农业科技有限公司成立于 2014 年，是一家基于物联网和数字化智能控制技术的公司，专门从事现代畜牧场科学设计、建设、智能化设备供应和猪场运营集成的服务商。

【平台创新点】广州荷德曼农业科技有限公司用物联网促进生猪生产标准化；用人工智能与区块链技术改变生猪产业生产方式；荷德曼模式的猪场建设，以提高经营者的生产效益为出发点，体现人性化的设计理念。

【平台创新理念】广州荷德曼农业科技有限公司拥有先进的设计理念、丰富的实践经验、优质的设施设备、专业的研发、设计和建设团队，打造了诸多大型智能猪场的建设、运营管理的成功案例。

【平台影响力】广州荷德曼农业科技有限公司先后为畜牧业龙头企业——温氏集团以及越秀集团、力智农业、双胞胎集团、新希望集团、德康集团、康达尔集团、特驱集团、广垦畜牧、壹号土猪等知名企业建设 40 余座智慧猪场。在国际范围内与 GROBA、VVM、STIENEN、FANCOM、PHILIPS、CAMDA、BOUWIMPEX、NEDAP 等优质供应商形成长期的战略合作伙伴关系。

【平台实力】广州荷德曼农业科技有限公司于 2014 年，集团于 2017 年11 月获得国家高新技术企业认定，2018 年、2019 年连续获得广州市"瞪羚企业"称号，2019 年获得"中国制造 2025 产业发展"基金项目认定，2020 年获得农业龙头企业称号等多项荣誉，具备国家建筑工程施工总承包三级资质和安全生产许可证，拥有知识产权 172 项，其中 18 项计算机软件著作证书、10 项实用型专利证书、多项发明专利和外观专利证书。

二、无锡市富华科技有限责任公司物联网技术创新平台

【平台概述】无锡市富华科技有限责任公司是一家专注于 RFID 射频识别和无线传感技术领域的研发生产的高科技企业。主要致力于 RFID 技术在动

物识别与追踪、畜牧业自动化、物联网技术在智能农业的应用和食品安全溯源管理领域的产品研发、生产和应用系统推广。主导产品为动物电子标签注射器、动物电子耳标、识读器等。

【平台创新点】无锡市富华科技有限责任公司着重于 RFID 技术在动物上的识别与追踪，为食品安全提供了保证。

【平台创新理念】无锡市富华科技有限责任公司致力于智能电子标签（含生物电子标识）及其读写设备、应用系统软件的研发、制造、销售、嵌入式控制系统及软件开发；计算机软件、网络工程及系统集成、工厂供电及工业自动化系统设计；电子计算机及配件、普通机械、电器机械及器材、通讯设备的销售；自营和代理各类商品和技术的进出口。

【平台影响力】无锡市富华科技有限责任公司多次承担无锡市科技型中小企业创新基金、无锡市物联网应用示范项目、江苏省科技成果转化项目等市级、省级各类政府支持计划项目，并荣获"2009 年度江苏省科技进步二等奖""国家金卡工程 2013 年度金蚂蚁奖"，2016 年荣获"世界物联网博览会新技术新产品成果"金奖，先后获得"2018 年中国创客大赛二等奖""2019年农业农村部优秀项目""2018 年北京市科学技术进步奖二等奖""2019 年国家科学技术进步奖二等奖""2021 数字农业农村新技术新产品新模式优秀项目""2021 年神农中华农业科技奖"等奖项。产品通过国际动物识别组织 ICAR 认证 13 项，CE 认证 12 项，通过企标 4 项。

【平台实力】无锡市富华科技有限责任公司的电子耳标技术先后获得农业农村部数字农业新技术新产品优秀奖、国家科技进步奖二等奖和神农中华农业科技奖，代表富华科技在电子耳标技术领域处于国内领先水平。获得知识产权 106 项，其中专利技术 79 项。农业农村部认定的动物识别电子标签的生产企业、国际动物识别组织 ICAR 认证的全球制造商，已通过 ISO9001 质量体系认证和 ISO14001、ISO45001 管理体系认证。

三、河南南商农牧科技股份有限公司物联网技术创新平台

【平台概述】河南南商农牧科技股份有限公司是一家专业从事智慧化、智能化猪场总包建设，集系列智能化、自动化养殖设备研发、生产、销售服务于一体的国家高新技术企业。

【平台创新点】河南南商农牧科技股份有限公司以智慧养猪为突破口，围绕生猪生产各环节全面开展创新活动。

【平台创新理念】河南南商农牧科技股份有限公司坚持技术先导创新理念，从生产实践中发现研究课题，经科技开发试验，用于生猪生产实践。

【平台影响力】河南南商农牧科技股份有限公司长期与中国农业科学院北京畜牧兽医研究所、北京农学院等国内知名的科研院所合作，光荣承担了国家"十三五"重点研发项目"2017年度智能农机装备"，先后荣获"国家科学技术进步奖二等奖""神农中华农业科技奖""国家级专精特新'小巨人'企业""北京市科学技术进步奖二等奖""河南省工程技术研究中心""河南省工业设计中心""河南省企业技术中心"等称号。

【平台实力】河南南商农牧科技股份有限公司10余年专注，4代智能产品迭代，获得知识产权141项，其中20余项软著、95余项专利技术的应用，60余人的技术研发团队，ISO9001质量体系的全面贯标。

四、安徽智农农业设备科技有限公司物联网技术创新平台

【平台概述】安徽智农农业设备科技有限公司是专业从事畜牧自动化智能养殖设备研发、制造、畜牧养殖场规划设计、设备安装与服务为一体的高新技术企业。公司拥有多项自主知识产权，一批技术骨干，科研力量雄厚、创新能力强、紧密结合用户实际生产需求。对智能环控系统、智能喂料系统、智能清粪系统等现代化智能设备进行科学研究，产品设计达到国际先进水平，先后与多家国际公司进行国际交流合作。工厂化、智能化养猪已成功地经过多地市场的检验，被一致认为是符合未来我国猪场的发展方向，并与国内多家上市养殖集团公司展开紧密合作。

【平台创新点】安徽智农农业设备科技有限公司坚持自主创新，致力于推进我国畜牧业的转型升级，致力于中国科学院智能所传感器"互联网+"理论与实践在畜牧业中的推行，致力于为客户创造价值，携手广大畜牧生产企业，倾心打造技术先进、效率高效、环境优越的新一代生态智慧型牧场。

【平台创新理念】安徽智农农业设备科技有限公司从提高猪群遗传性能、改善猪群生产环境、符合猪群动物福利等方面出发，探索猪场内环境条件的改善、不合理应激的减少、外围生物安全的防控以及节能降耗绿色生产等核心问题，并充分运用5G和物联网技术，进行联合创新，致力于推动产业升级，并为提高行业的自动化及智能化水平作出应有的贡献。

【平台影响力】安徽智农农业设备科技有限公司在行业内有很强的影响力，所开发的物联网产品广泛应用于养猪生产，收到很好的社会效益。

【平台实力】安徽智农农业设备科技有限公司获得多项知识产权，其中一种养殖用猪舍的消毒装置、一种养猪场定时喂养设备获得专利证书；一种育肥猪只送料系统、一种智能养猪管理系统、一种通风养猪舍的视频监测系统、一种妊娠猪只自动喂养系统、一种饲料投喂机的流量控制系统、一种养猪饲

料混合装置搅拌系统等获得软件著作权。

五、上海贝格曼农业发展有限公司物联网技术创新平台

【平台概述】上海贝格曼农业发展有限公司所提供的畜牧场一站式"5S"服务，以实现现代化畜牧场高效、环保、可持续发展为目标。融合了全球现代化畜牧场丰富的建造和管理经验，在切合动物的生理需求、自然习性的基础上，满足养殖生产的安全化、高效化、低成本化、高产出化、高动物福利化要求。

【平台创新点】上海贝格曼农业发展有限公司是一家物联网应用于养猪生产的专业公司，在行业内率先应用最先进的物料网、5G、区块链解决养猪生产的工艺问题。

【平台创新理念】上海贝格曼农业发展有限公司提供畜牧场规划设计服务、整体工程建设服务、设备集成供应服务、设备维护保养服务、养殖托管服务的畜牧场一站式"5S"服务。

【平台影响力】上海贝格曼农业发展有限公司设有上海公司、广州公司、深圳研发中心、山东产品制造基地和养殖教学基地。上海贝格曼农业发展有限公司在技术创新领域与国内外知名企业、著名高校以及多位业内专家建立了长期合作关系，在山东与高校联盟建立了"智慧农场种养结合示范产业园"，成立了集"产、学、研"为一体的人才输出、技术培训、研究试验孵化基地；在荷兰建立了试验农场作为专业领域尖端技术向内输入的交流平台。

【平台实力】上海贝格曼农业发展有限公司在行业内享有很高威望，与高等院校、科研单位合作，创新使用"产、学、研、用"四位一体模式。

六、郑州中道智联云科技有限公司物联网技术创新平台

【平台概述】郑州中道智联云科技有限公司是一家农牧物联网科技型企业，公司专注于智慧畜牧、智慧猪场管理的物联网方案研发与系统集成及数据处理服务。利用物联网、云计算及数据分析技术，致力于农牧大数据技术的开发及应用，公司目前主要专注于中国生猪养殖全产业物联网解决方案的研发与推广，使企业"人、财、物、猪上云"，助力我国生猪养殖企业进行实时管理、精准统计、数据分析、即时呈现、健康溯源、效益提升、疫病预防等。

【平台创新点】郑州中道智联云科技有限公司着重于物联网在生猪产业上的应用，特别是在解决数据接口方面有独到的创新技术。

【平台创新理念】郑州中道智联云科技有限公司坚持物联网技术要解决养

猪生产出现的各种问题，把网络技术用好、用活，努力发现现实生产中的问题与需求。

【平台影响力】郑州中道智联云科技有限公司是生猪产业有影响力的企业。科研课题来自生猪生产实践，科研成果应用于生猪生产实际。拥有一批年轻的队伍，与大专院校和科研单位保持紧密合作，实现"产、学、研、用"四位一体的目标。

【平台实力】郑州中道智联云科技有限公司重视科研开发，几年来获得知识产权38项，其中有一种养殖场人员洗消管理系统、一种养殖场人员洗消监测器、养殖场生物安全门禁管理系统、一种养殖场生物安全防护系统、一种养殖场生物安全管理系统、一种养殖场智能风机变频系统、养殖场动物疾病预警系统、肉品溯源系统、一种家畜养殖场温控换气系统、自动喂食料槽等17项专利。

七、北京探感科技股份有限公司物联网技术创新平台

【平台概述】北京探感科技股份有限公司是一家从事物联网的技术开发、技术转让、技术咨询等业务的公司，从事物联网的技术开发、技术转让、技术咨询、技术服务；生产、加工计算机软硬件；基础软件服务；应用软件服务；销售计算机、软件及辅助设备、机械设备；货物进出口、技术进出口、代理进出口；生产机械设备（限在外埠从事生产经营活动）；委托加工农业机械设备（限在外埠从事生产经营活动）。

【平台创新点】一是解决人工智能在生猪产业上的应用；二是解决物联网数据分析与评价生猪生产；三是解决智能设施与设备提升生猪生产效率问题。

【平台创新理念】北京探感科技股份有限公司创新理念是以人工智能技术为依托，为猪场提供智能饲喂设备和数据服务；以物联网技术为依托，将养猪机器人产生的数据通过大数据算法，为猪场提供科学养猪服务和管理服务。他们追求的目标是，让养猪更简单，让管理更简单。

【平台影响力】北京探感科技股份有限公司是生猪行业知名物联网企业，特别是在物联网应用于养殖生产硬件研究中作出了贡献。与国外同类产品相比，性能、应用便捷、成本与价格等方面表现出明显优势。

【平台实力】北京探感科技股份有限公司坚持研发创新，获得知识产权138项，其中有地脚固定件、专用安装工具及设备地脚固定方法，一种基于视觉识别的动物饲喂装置、方法和可读存储介质，基于视觉识别的动物特征检测设备及方法，一种基于视觉估重实现动物智能分栏的方法及系统，一种基于视觉动物体尺的智能饲喂的方法、装置及系统，一种视觉识别控制饲喂容

器上料的方法及系统，一种牲畜养殖管理方法、装置、系统及存储介质，一种智能禽畜类养殖系统及方法、地脚固定件、专用安装工具及设备地脚固定方法，一种家畜溯源系统及其溯源方法等73项专利技术。

八、北京中集智冷科技有限公司物联网技术创新平台

【平台概述】北京中集智冷科技有限公司隶属中国国际海运集装箱（集团）股份有限公司，在智能制造、自动化及物联网领域具有领先优势，通过物联网核心技术产品与大数据平台研发，在智慧冷链、智慧农牧领域开展多场景业务应用。主要业务包括智能化工程规划建设、环境监测与智能化控制、农牧品保鲜与资产管理、冷链仓储运输配送全数据监测，为客户提供一体化解决方案。

【平台创新点】北京中集智冷科技有限公司解决生猪产业图片处理技术、数字技术，解决生猪产业很多劳动烦琐工作，让劳动力从烦琐工作中解脱出来，使得猪场管理更加透明和简便。

【平台创新理念】北京中集智冷科技有限公司致力于解放生猪产业劳动力。

【平台影响力】北京中集智冷科技有限公司是国家认定的"双高新"技术企业，通过了ISO9001质量体系认证、ISO14001环境管理体系认证、"双软认证"，具备建筑施工和电子与智能化专业承包资质，是中国采购物流联合会会员企业，商务部《农产品冷链流通监控平台建设规范》参编单位。拥有自主知识产权的产品已达40余款，取得产品相关专利22项，软件著作权26项，先后服务客户累计1万余家，产品销售遍布全国32个省区市，累计销售设备总量突破55万台。

【平台实力】北京中集智冷科技有限公司坚持创新、研发，获得85项知识产权，其中软件著作权26项，专利技术22项。典型专利技术有：一种配方化控制器、一种LORA传感器、一种移动式压差预冷箱及运输装置、多功能物联网预冷箱、蓝牙自组网体温计、测温方法及测温系统、自组网耳标、牲畜盘点方法及系统、温度采集记录装置及其控制方法和可读存储介质、测温贴、温度采集记录装置及其控制方法和可读存储介质、圈舍管理系统的控制方法和圈舍管理系统等。

九、长沙瑞和数码科技有限公司物联网技术创新平台

【平台概述】长沙瑞和数码科技有限公司专注物联网的技术与产品创新，是专业从事农业和泛工业物联网设备与设施研发、生产、销售的高新技术企业和软件企业，同时为客户提供大数据云平台的应用服务。

【平台创新点】长沙瑞和数码科技有限公司创新点有以下几个方面：一是平台建设，高清视频监管平台、烟叶烘烤管理平台、猪场环控饲喂管理一体化平台、动物体质监测管理平台；二是物联网智能环控项目，无线执行控制器、策略下发器、环境数据采集器；三是智能饲喂系统，怀孕母猪智能饲喂器、哺乳母猪智能饲喂器、物联网中间件；四是动物体质监测项目，体质监测芯片、温度耳标、物联网基站；五是自动料线项目，变频绞龙驱动器、下料控制器、电动三通控制器、料线主机。

【平台创新理念】长沙瑞和数码科技有限公司在多年积累的技术产品基础上，致力打造物联网智能牧场微环境分布式调控系统，构建养殖生产大数据应用服务平台，形成牧场全数字化生产的一体化设备控制管理系统，为客户实现牧场的提质增效，改善动物福利，实现精益化管理、精细化生产提供技术与设备支撑。

【平台影响力】长沙瑞和数码科技有限公司通过多年在农业和泛工业物联网行业的技术专注与产品创新，逐渐形成了自主知识产权的物联网感知设备、控制设备、现场管理执行设备的软硬件产品体系和物联网大数据应用服务的云平台。

【平台实力】拥有110余项发明专利与新型实用专利及76项软件著作权；多次荣获省部级科技进步奖项与国家创新基金立项支持，参与起草过多项行业技术标准；获得2022年省级企业技术中心，湖南省上市后备企业，湖南省第一批创新型中小企业，入选2022年湖南省"数字新基建100个标志性项目名单"等；现与国防科技大学、中南大学、湖南农业大学、Stanford University、UC Berkeley、Caltech等院校机构建立了研发合作关系。

十、成都肇元科技有限公司物联网技术创新平台

【平台概述】成都肇元科技有限公司是一家专业研发制造猪场智能装备的企业，具有丰富的大规模猪厂工艺设计、全套装备生产和猪场EPC总包经验，经多年研发的"绿色高效智能养猪"智能化饲喂技术装备已完成全链。

【平台创新点】成都肇元科技有限公司在智能化养猪方面实施总承项目，创新点在于打通堵点、部件衔接、数据共享。创建的肇元"绿色高效智能养猪"技术装备已完成全链。

【平台创新理念】成都肇元科技有限公司创新理念是在智能化饲喂技术及装备研发上，开发出多款饲喂系统及装备，通过精准饲喂及大数据实时监测，有效提高猪只饲料利用率，从而实现增效降本。

【平台影响力】成都肇元科技有限公司开发了母猪小群养智能饲喂站、猪

用粥料智能饲喂机、哺乳母猪智能饲喂器、料线自动微量加药机、猪场智能化管理物联网平台等。在国内 26 个省份（含中国台湾地区）都有应用示范猪场使用。

【平台实力】成都肇元科技有限公司坚持科研开路，几年来获得知识产权 22 项，其中专利技术 13 项，主要有：一种用于精确饲喂猪的采食通道装置及其饲喂系统、哺乳母猪智能饲喂方法以及相关设备、一种投料装置、一种振动投料粥料饲喂机、智能饲喂站及其智能饲喂方法、用于猪群饲喂的破拱下料仓、智能饲喂站采食通道结构、湿料智能饲喂器等。

十一、武汉中畜智联科技有限公司物联网技术创新平台

【平台概述】武汉中畜智联科技有限公司是一家专注于规模猪场智能饲喂系统研发与生产、自主研发、生产物联网企业，开发的智能饲喂机"猪哥靓""猪小妹"等系列产品获得发明专利等知识产权 10 余项，受多家养猪头部企业认可并持续采购，公司先后被评为：国家高新技术企业、科技小巨人企业，企业通过 ISO9001 质量管理体系认证，创始人黄旭先生被评为 3551 创业人才等多项荣誉。

【平台创新点】武汉中畜智联科技有限公司主要开展模拟生物特征，开发仿生产品。特别是"猪哥靓""猪小妹"智能化产品，极大提高猪只采食量。

【平台创新理念】武汉中畜智联科技有限公司坚持科研开发在前的原则，研究猪只生物学特征，用仿生思想统领创新思维，解决机械动作、自动化僵化问题。

【平台影响力】武汉中畜智联科技有限公司励志成为全球智能粥料机的领航者。拥有大型试验猪场和专业服务团队，致力于成为中国规模猪场工业化生产服务领航者、饲喂数据服务领导者。

【平台实力】武汉中畜智联科技有限公司获得知识产权技术 78 项，专利技术 55 项。开发的智能饲喂机"猪哥靓""猪小妹"等系列产品获得发明专利等知识产权 10 余项，受多家养猪头部企业认可并持续采购，公司先后被评为：国家高新技术企业、科技小巨人企业，企业通过 ISO9001 质量管理体系认证，创始人黄旭先生被评为 3551 创业人才等多项荣誉。

十二、郑州华科智农畜牧设备有限公司物联网技术创新平台

【平台概述】郑州华科智农畜牧设备有限公司是一家集智能化养猪设备和智能化猪场管理系统研发、推广和技术服务的高科技公司。公司开展进口智能化养猪设备的推广和服务；自主研发智能化养猪设备、智能化猪场管理

系统的推广和服务；"新猪倌"养猪信息咨询服务三大板块。产品有：妊娠母猪群养系统（进口、国产），种猪测定系统（进口）；母猪发情检测系统（进口）；产房母猪智能饲喂器；断奶仔猪水乳料智能饲喂器；育肥猪智能饲喂食堂等高科技产品。

【平台创新点】郑州华科智农畜牧设备有限公司基于猪的行为信号而提供的工控智能饲喂和智能饮水为出发点，经过猪场使用验证，公司成功开发出基于养猪产业"为乐食"母猪智能饲喂系统和"易乐食"育成猪智能饲养管理系统。

【平台创新理念】郑州华科智农畜牧设备有限公司"以猪为本，精准管养"的理念，实现了猪场内"设备—猪只—工人"三位一体，实时管控，高效运行。

【平台影响力】郑州华科智农畜牧设备有限公司彻底颠覆了在猪场内产房母猪和育成猪再单独安装饮水器的要求，让猪实现水料同槽，智能采食、智能饮水精准管养模式。

【平台实力】郑州华科智农畜牧设备有限公司在国外同类进口产品基础上改进、创新，使设施、设备更加好用，成本大大降低。获得多项软件著作权和专利技术，其中种猪饲养系统是典型专利技术。

十三、广州迦恩科技有限公司物联网技术创新平台

【平台概述】广州迦恩科技有限公司提供智慧猪场整体解决方案和设备核心控制器的高新技术企业。在畜牧养殖环境检测、环境调控、臭气净化、智能饲喂、巡检机器人和物联网平台等不同领域，先后取得了一批具有自主知识产权的成果，成功开发了系列智慧畜牧产品。

【平台创新点】广州迦恩科技有限公司开展智慧畜牧创新关键技术攻关。与日立楼宇技术（广州）有限公司合作，采用日立电梯质量保证体系，在日立公司生产线生产产品核心控制器，全线产品通过日立 CNAS 实验室的 EMC 各项测试，品质管控对标"国际领先"。

【平台创新理念】广州迦恩科技有限公司坚持"创新·品质·合作"的创新理念。与畜牧养殖、农业工程、畜牧设备等不同领域企业伙伴精诚合作，为客户提供"智慧畜牧"新体验。

【平台影响力】广州迦恩科技有限公司作为智慧畜牧的倡导者和践行者，致力于以科技服务社会，以科技服务畜牧行业。是国家高新技术企业、科技型中小企业、广州市农业科技特派员项目实施企业。公司主要产品在日立楼宇技术（广州）有限公司和广州广日电气设备有限公司生产，品质有保障。

相关产品已在大北农、温氏、扬翔、双胞胎、省食出等公司应用,降本增效,为用户创造了价值。

【平台实力】广州迦恩科技有限公司获知识产权 38 项,其中一种妊娠母猪智能饲喂系统及方法、一种哺乳仔猪智能保温装置及控制方法等专利授权 24 项。发布《生猪数字化精准饲喂管理系统建设规程》等团体标准 3 项。

十四、青岛科创信达科技有限公司物联网技术创新平台

【平台概述】青岛科创信达科技有限公司成立于 2014 年,依托新一代信息技术,以智能硬件为基础,通过软硬件相协同的形式,服务畜牧企业向数字化、标准化产业转型升级,并提供整体解决方案。始终追求为客户创造价值,提供产学研成果转化、政府项目申报、供应链金融等服务。

经过多年的奋斗已成为国际领先的环控器研发厂商,建设了国内领先的智能硬件电磁实验室,目前链接智能终端已经超过 30 万台,自主研发的小科爱牧数字化平台已经累计服务上万家养殖场。

【平台创新点】从软件和硬件上突破物联网在养殖业上的应用;利用自行研发的控制器解决数据存储、计算和应用问题;专注养殖智能硬件研发,打破国外垄断;提供智慧养殖数智化解决方案,打造养殖圈的"小米生态"。

【平台创新理念】青岛科创信达科技有限公司本着服务于生猪产业发展需要开发产品,倡导要建设物联网猪场,先从猪场数据入手的基本理念。以奋斗者为本,持续创新,持续为客户创造价值。

【平台影响力】青岛科创信达科技有限公司与青岛农业大学等大专院校建立密切合作关系,同时与猪场建立了联合开发关系,真正做到科研来源于产业,科研服务于产业。

【平台实力】青岛科创信达科技有限公司获得知识产权 90 项,软件著作权 31 项。包括:基于 FDPCA 降维和 XGBoost 回归的热应激程度评价模型的建立方法、适用于楼房养猪的环境控制方法及系统、适用于楼房养殖的非对称阶梯式送风系统及改进方法等专利 40 项。

十五、浙江正泰自动化科技有限公司物联网技术创新平台

【平台概述】浙江正泰自动化科技有限公司是正泰集团旗下的子公司,总部位于浙江省杭州市。公司依托正泰集团的品牌、产业链、制造、营销等渠道优势,发展自动化系统解决方案业务。

【平台创新点】浙江正泰自动化科技有限公司聚焦畜牧行业,紧跟行业和市场的发展趋势,为行业提供工艺设计规划、自动化系统解决方案、数字化

平台等全套服务。公司基于多年对畜牧行业的研究，以及对未来的预判，创新性地应用大数据、人工智能、物联网、云计算等前沿技术，开发出智慧畜牧数字化系统解决方案。

【平台创新理念】浙江正泰自动化科技有限公司秉承集团"一云两网"的战略方针，从数字化服务切入，实现了各类养殖设备间的数据互联互通，从而为客户解决在实际养殖过程中所产生的痛点问题，提供生产数据分析、整场运维监管、设备异常提醒和能效优化建议等切实有效的服务，提升经济效益，让养殖更省心。

【平台影响力】浙江正泰自动化科技有限公司先后通过 CCC 认证、质量管理体系认证（ISO9001）、环境管理体系认证、中国职业健康安全管理体系认证。

【平台实力】浙江正泰自动化科技有限公司为诸多行业客户提供全面的自动化、信息化、智能化解决方案，聚焦市场需求，不断推陈出新，持续输出可靠、经济、高效的优质产品和服务，持续为客户创造更大价值。

十六、史缔纳农业科技（广东）有限公司物联网技术创新平台

【平台概述】史缔纳农业科技（广东）有限公司成立于 2021 年 3 月，是 Stienen BE（荷兰）在中国建立的合资公司。Stienen BE 是一家植根于畜牧业的家族企业（1977 年），经过在畜牧业 40 多年的探索、经验总结、技术开发，已经成为全球领先的农牧产业自动化解决方案服务商。

【平台创新点】史缔纳农业科技（广东）有限公司专注于畜牧业环境控制系统研发、通风方案设计及环控产品生产。提供畜牧业环控模式工艺规划设计与技术指导，输出高效稳定的环控设备，包括 KL（猪用）/PL（禽用）系列环境控制器、AQC 风控单元、SGS 高压风机、AeroWing 进气窗、AeroX 热交换器等；精准饲喂系统 PFA 系列控制器、PFB-35/70 饲料批量秤以及配套的物联网系统等。

【平台创新理念】目前拥有全自主研发的环境控制解决方案、精准饲喂自动化解决方案、农场物联软件管理系统等一系列硬件设备和软件系统。宗旨是站在客户的角度去解决问题，加速农业养殖产业互联升级，实现互助共赢。

【平台影响力】史缔纳农业科技（广东）有限公司近 5 年服务客户 100 多家，拥有全球 35 个国家的经销商团队，给农场提供定制化的解决方案，提高农场养殖效率，让农场自动化更高效、更便捷。

【平台实力】目前拥有的核心研发服务团队主要来自于中山大学、华南农业大学等高校。其中，基于动态监控的智能通风系统、一种用于固定通道的猪只计数方法、一种基于视觉传感器的猪只识别方法等 3 项技术获得发明专利；一种猪舍环境空气检测装置、一种新型猪只分离点猪通道等 2 项获得新型实用专利。

十七、安徽国农数据科技有限公司物联网技术创新平台

【平台概述】安徽国农科技有限公司成立于 2017 年 1 月，公司下设国农畜牧、国农数据、国农畜禽育种、国农饲料等四家子公司。业务范围涵盖畜牧工程规划设计、农业智能装备、畜禽育种、生物发酵饲料等四个板块。

【平台创新点】安徽国农科技有限公司自主设计研发一款高效实用的牧场智能化管理系统。智能牧场系列装备主要由分体式环控仪及一体式环控仪，智能供料系统，智能清粪系统，数字型环境控制器，智能网关，智能数据采集器，集成变送器等装备组成，具有安装方便、使用可靠、自动化程度高等特点。

【平台创新理念】安徽国农科技有限公司秉承创新、服务、诚信、感恩为经营理念，为广大客户提供优质的产品及服务。

【平台影响力】安徽国农科技有限公司是安徽省畜牧兽医学会副理事长单位、合肥市新一代人工智能产业发展联盟会员单位、中国博鳌高端猪业科技论坛理事单位，国农科技具有设计能力强、建造能力高、体系完善等特点。

【平台实力】公司立足自主创新，3 年来共获得各项专利授权 20 余项，软件著作权 9 项，参与制定地方标准 2 项，主持安微省重点研发项目 2 项，央财基金重大专项 1 项，获得中国产学研合作优秀成果奖 1 项，省级科技成果 2 项。未来公司将继续致力于"智慧农业、数字农业、芯片农业"的创新与实践，致力于为产业赋能，做行业旗手。

第三章　节能环保控制器创新平台

控制器是智能化养猪的核心部件，一个猪场或单元可以采取集中控制方法，便于实现物联网统一管理。

一、青岛派如环境科技有限公司节能环保技术创新平台

【平台概述】青岛派如环境科技有限公司从事防疫消毒设备、风机环境控制设备、节能型钢构建设等业务，生产销售智能家畜家禽饲养成套设备、动物粪污尸体无害化处理设备、防疫消毒设备、风机环境控制设备；节能型钢构，畜禽舍规划、设计、建设；货物进出口、技术进出口。

【平台创新点】一是创建高度集约养殖模式，比传统养殖节省土地 70%，比传统养殖节省建筑 30% ～ 40%。比传统养殖节省人力 80%；省工省力省土地，实现资源利益最大化；二是创建环保养猪模式，采用节能环保技术，利用动物余热和地热资源，-40℃以上气候区域，冬天都可以不用锅炉取暖，没有取暖设备投资，没有取暖能耗、维护成本，没有任何废气粉尘炉渣污染发生，实现节能环保目的；三是加大环境控制技术研发，以舍内温度为控制指标，舍内通风量大小由舍内环境温度决定，24 h 连续通风，可以保持舍内恒温环境，既保障动物呼吸新鲜空气，同时又将氨气湿气粉尘源源不断地排出，解决了长期困扰养殖业的"通风与保温的矛盾"；四是无害化处理技术，采用好氧发酵原理，固体粪便和动物尸体最快 7d 发酵（含水量低至 20%），最慢 30 d（含水量 30% ～ 40%），100% 熟腐发酵成为有机肥。液体粪便最快 24 h，最慢 30 d 好氧发酵成为液体有机肥，固体液体粪便发酵成为有机肥后，回归农田，资源化利用，实现种养结合循环利用，可持续发展。

【平台创新理念】青岛派如环境科技有限公司以环保为中心的设计思想，让养猪与环境协调共存，让养猪促进环境友好。青岛派如环境科技有限公司超前的设计理念受到行业好评，特别是在"双碳"背景下，引导养猪业走低碳、绿色之路，是实现生猪产业可持续发展的必然之路。

【平台影响力】青岛派如环境科技有限公司十几年坚持节能理念、坚持环保优先、高效养猪，特别是中小规模猪场的发展方向，为养猪业节能减排作

出了贡献，受到行业一致好评。

【平台实力】青岛派如环境科技有限公司先后获得知识产权 58 项，其中一种轻钢液体粪便厌氧发酵罐、一种全封闭液体粪便好氧发酵罐等专利技术43 项。

二、重庆美特亚智能科技有限公司控制器创新平台

【平台概述】重庆美特亚智能科技有限公司从 2012 年初开始筹建，正式成立于 2014 年 8 月，是一家专注于畜禽养殖场自动（智能）控制设备研发、制造、销售、服务为一体的重庆市专精特新中小企业和国家高新技术企业。

【平台创新点】重庆美特亚智能科技有限公司始终坚持自主创新研发，先后推出了 3 个系列的环境控制系统、楼房分布式控制系统、母猪精准饲喂系统、组合料线控制系统、料塔称重系统、组合式刮粪机控制系统、整场集中报警系统、节能保温控制器、除臭控制器及附属配件等 30 余款产品。

【平台创新理念】重庆美特亚智能科技有限公司立足高标准、高起点，研发生产出领先于国内同行业技术水平的自动饲喂系统、环境控制系统、报警系统、称重系统、清粪控制设备、节能保温控制器等，始终坚持围绕客户需求持续创新，愿为广大养殖客户提供优质的产品和完善的服务，为中国及世界养殖业发展作出贡献。

【平台影响力】重庆美特亚智能科技有限公司坚持走产品研发与养殖运用深度融合之路，产品成功运用于中粮、温氏、新希望、德康、双胞胎、正邦、正大、大北农、傲农、禾丰、光明、佳和、铁骑力士（排名不分先后）等上百家大中型养殖公司和数千家规模养殖农户，成为多家大型上市养殖公司指定方案提供商和产品供应商，产品已遍及全国 30 个省（区、市）及东南亚部分国家，服务的养殖规模年超 1 亿头猪，成为国内养殖业自动化、智能化控制解决方案和设备系统集成的知名企业。

【平台实力】重庆美特亚智能科技有限公司始终坚持围绕客户需求和瞄准行业前沿技术两大方向持续创新，先后与西南大学、华中科技大学、重庆市畜牧科学院等知名高校和科研院所展开产学研合作。获得了多项专利、商标、著作权等知识产权。公司通过了 ISO9001 国际质量体系认证、ISO14001 环境管理体系认证。公司研发营销中心位于重庆市科学院重科智谷产业园，现有完备的硬件、嵌入式软件、上位机开发和测试团队 20 余人，配备了养殖场方案设计、供应链支持、市场营销和售后服务团队 20 余人。公司生产基地位于重庆西永微电子产业园，内设控制器和控制柜两个生产车间，使用面积 5 000余平方米，配备了工艺先进、流程完善的试验、生产、检测设备和器具，年

生产能力达到 10 万台套，是国内外众多畜牧养殖场 EPC 建设商的理想选择。

三、青岛阿沃环境科技有限公司节能环保技术创新平台

【平台概述】青岛阿沃环境科技有限公司专注于有机固废资源化利用综合解决方案及相关设备的研发、制造、销售，微生物菌剂、肥料、肥料添加剂的销售，生态环保项目咨询服务。主营产品多功能无害化发酵机，主机罐体为密闭的卧式容器，用于容纳有机固体废弃物，为微生物提供最佳的生长繁殖环境；综合搅拌破碎、加热烘干和微生物高温发酵工艺于一体，整个无害化过程密闭可控，完全符合生物安全和环保要求。

【平台创新点】一是研究微生物理论与微生物技术在生猪产业废弃物处理方面的应用；二是研究发酵理论与实践，把猪场废弃物进行发酵处理，做到有机肥的安全、高效应用。

【平台创新理念】青岛阿沃环境科技有限公司让养猪变得更加安全、环保、低碳，把废弃物变成碳资源，参与碳汇交易，实现碳中和，为国家碳达峰计划作出贡献。

【平台影响力】青岛阿沃环境科技有限公司研发的智能化平台是一种具有密闭智能发酵设备、静态好氧堆肥的系统，在行业内得到广泛关注。该系统采用具有微孔结构和选择透过性的特种膜，覆盖在发酵堆体的表面，使得水分通过膜蒸发的同时，不让病原和异味气体散出，且能持久地防风防水，保证发酵所需要的适宜温度、湿度；结合智能化曝气系统，可真正实现有机固废安全可靠、经济方便、环保高效的无害化、减量化、资源化综合利用。

【平台实力】青岛阿沃环境科技有限公司人才、技术实力雄厚，是集产学研于一体的科技成果产业化的重要平台。公司与上海交通大学、山东农业大学、新疆塔里木大学等高校科研院所保持着密切的合作，先后取得 41 项知识产权成果，其中包括一种带有漏液提醒功能的渗滤液收集系统、一种具有改进的搅拌通气装置的发酵设备等专利技术 12 项。

四、厦门钧鼎鑫机械设备有限公司节能环保技术创新平台

【平台概述】厦门钧鼎鑫机械设备有限公司致力于为生态农业提供节能环保、高新技术、经济耐用的专业机械设备，整合了国内外近 10 年生物与机械研发资源及科技成果，推出了动物有机废弃物处理机、水盈次氯酸水制造机、养殖固液分离机及叠螺式污泥脱水机。

【平台创新点】厦门钧鼎鑫机械设备有限公司低成本地处理猪场废弃物的工艺流程和设计理念，既要达到处理成本下降，又能达到处理标准符合国家

要求。

【平台创新理念】厦门钧鼎鑫机械设备有限公司基于生态农业系统思维模式，养猪是大农业的一部分，在农业系统内部要实现生态，实现自我碳中和。

【平台影响力】厦门钧鼎鑫机械设备有限公司在有机废弃物处理机、水盈次氯酸水制造机等智能化废弃物处理平台作出了巨大贡献，整合了国内外十余年生物与机械研发资源及科技成果所推出的产品，为养殖环节、公共无害化处理站、食品加工厂、农贸市场、动物防疫站等产生的动物废弃物提供无害化处理专业的解决方案。

【平台实力】厦门钧鼎鑫机械设备有限公司作为推行畜禽养殖废弃物资源化处理方案的先行者，已获得"国家畜禽养殖废弃物资源化处理科技创新联盟理事单位""中国肉类协会常务理事单位""2012 年畜牧机械行业最具创新力产品""2014 年中国生猪业产品榜最具影响力之猪场环保设备""2016 年度福建省农民最满意的农机品牌""二十大猪场环保模式高效践行品牌"等多项荣誉。先后获得一种动物有机废弃物处理机的粉碎装置、一种动物有机废弃物处理机的气体净化装置等知识产权授权 12 项。

五、大欧美丽（郑州）环境科技有限公司节能环保技术创新平台

【平台概述】大欧美丽（郑州）环境科技有限公司致力于研发和销售以燃气加热为主的畜禽环境控制设备。目前主要产品有：大欧热霸 DO-66、大欧小太阳和空气热量回收器 DO-80。这些产品不仅高效地改善畜禽舍环境，而且节能环保，代表了中国养殖场畜禽舍加热升温的发展方向。这些环保加热设备将替代污染严重的燃煤成为养殖场加热的主力产品。

【平台创新点】大欧美丽（郑州）环境科技有限公司利用热回收技术，把失去的能量找回来，在不增加新动能的同时做到循环使用能量。

【平台创新理念】大欧美丽（郑州）环境科技有限公司坚持引进、消化、吸收、再创新的基本理念。从合资公司的成立到产品的投产，是中法合作的一个典范。大欧将继续秉承"用法国先进技术，为中国畜牧业服务"的理念，致力于研发和生产新型节能、环保的畜舍环境控制设备，以服务广大畜牧企业。

【平台影响力】2013 年，大欧美丽（郑州）环境科技有限公司利用法国先进技术，首次在中国成立生产厂，开始组装性生产。公司拳头产品"大欧热霸 DO-66"面世，该产品成为中国畜舍燃气加热设备的一名新成员，"大欧热霸 DO-66"是一种节能、环保、安全、高效的加热设备。一经推出，就受到畜牧业的青睐，获得不俗的市场口碑。"大欧热霸"已被列入牧原股份、正邦

集团等大型农牧企业的必购设备清单，公司也完成由产品引进到技术引进的转变。

【平台实力】大欧美丽（郑州）环境科技有限公司获得知识产权 26 项，其中包括一种用于畜牧业燃气空间加热器、一种畜牧物资运输车辆用车底盘清洗消毒装置等专利技术 14 项。

六、山东福航新能源环保股份有限公司节能环保技术创新平台

【平台概述】山东福航新能源环保股份有限公司位于山东省禹城市高新技术开发区，国家级高新技术企业，主要研发制造新能源污泥处理设备、智能高温好氧发酵设备、污泥干化一体机、生物质燃料设备、固废处理设备等。

【平台创新点】山东福航新能源环保股份有限公司已通过"质量管理体系认证""职业健康安全管理体系认证"和"环境管理体系认证"，拥有"环保工程专业承包三级资质""有机废物处理处置设施运营二级资质""工业固体废物无害化处理设施运营二级资质"。为满足市场需求，公司推出了 BOT、BT、融资租赁和全款销售四大营销模式，累计建设固体废弃物处理项目近 400 个，业务覆盖市政、造纸、化工、冶金、印染、生物等六大行业。

【平台创新理念】山东福航新能源环保股份有限公司以研发最先进、最实用的环保设备为己任，为营造健康和谐、环保卫生的生活环境而不懈努力。

【平台影响力】山东福航新能源环保股份有限公司的污泥、畜禽粪便等有机废弃物处理技术拥有 100 多项国家专利，并通过了山东省科技厅的科技成果鉴定和山东省经信委的新产品新成果鉴定，填补了国内空白，处于国内领先水平，并入编科技部的《科技惠民先进技术成果目录》。公司建有山东大学"博士后创新实践基地"和山东省科技厅批复的"山东省节能型污泥处理装备示范工程技术研究中心"，并与山东大学、华中农业大学等多所院校建立了研发合作伙伴关系，极大地提升了产品的科技水平。2018 年，有机废弃物发酵机列入山东省首批农机补贴目录。

【平台实力】山东福航新能源环保股份有限公司建有山东大学"博士后创新实践基地"和山东省科技厅批复的"山东省节能型污泥处理装备示范工程技术研究中心"，并与山东大学、华中农业大学等多所院校建立了研发合作伙伴关系，极大地提升了产品的科技水平。2018 年，有机废弃物发酵机列入山东省首批农机补贴目录。是山东省环境保护产业协会理事单位、山东农牧循环产业联盟副理事长单位。坚持科研开发，获得一种餐厨垃圾好氧发酵装置、一种立式生活垃圾气化焚烧装置等 155 项专利技术。

七、厦门势拓智动科技有限公司节能环保技术创新平台

【平台概述】厦门势拓智动科技有限公司集研发、制造、销售和服务于一体，专为畜牧养殖行业提供高品质稀土永磁电机的现代化企业。

【平台创新点】厦门势拓智动科技有限公司是实现电机节能、持续即永磁的概念。

【平台创新理念】厦门势拓智动科技有限公司秉承了先进的"产品开发管理理念 IPD"，以对市场需求的深入理解为前提，通过对流程和产品的重整，极大地缩短了产品的上市时间；再结合"厦钨制造，国际先进"的"国际先进制造技术 IAM"，为客户提供最大化应用价值。

【平台影响力】厦门势拓智动科技有限公司将"以客户为中心，以贡献者为本"作为公司的经营管理理念，以创新畜牧稀土永磁电机作为公司的数字底座，为畜牧业的智慧化养殖注入持续动力。同时也为实现国家的双碳目标作出重大贡献。

【平台实力】厦门势拓智动科技有限公司，为实现电机与智能平台对接的兼容性和用户操作的简便性，不同应用的电机都有相通的设计理念，确保了产品的高标准化。作为智慧养殖所需的数字底座，厦门势拓智动提供的智能稀土永磁电机，将实现数据挖掘、打通、融合、分析与共享，为畜牧业的科学决策做依据。获得一种定子铁芯、定子组件及电机等知识产权 20 项。

第四章　水处理技术创新平台

养猪从业者越来越认识到水在动物食物供给中的作用与效果，有的猪场直接用水泵将深水井里的水抽到高处水箱里使用，细菌与有害微生物影响猪只肠道健康，因此对水进行处理十分必要。

一、深圳市深亚达科技有限公司水处理技术创新平台

【平台概述】深圳市深亚达科技有限公司专注高品质畜牧设备研发、生产及销售于一体的厂家，也是中国第一家饮水比例加药器的研发生产商。主要生产：嘉乐宝双向密封加药器、小红豆防水阻燃保温灯罩、小鲸鱼猪场饮水净化器、MARS 芯片恒压赶猪棒、可灵臭氧消毒机和赫利斯猪场照明 LED 灯管等畜牧业知名产品。

【平台创新点】一是坚持水是生命基础，严格按照国家要求，帮助养猪企业处理好每一顿水，把工作做扎实；二是在水处理工艺上严格把控各环节安全、有效、干净、卫生的技术底线；三是以正直、精进、承担、拼搏的价值观为客户服务。

【平台创新理念】深圳市深亚达科技有限公司始终秉持"爱人利他"的经营理念，肩负"为养殖人创造价值、为奋斗者创造平台"的企业使命，不断深耕畜牧业，加大智能化养殖研发，为用户提供更多选择，推动中国品牌全球发展。

【平台影响力】深圳市深亚达科技有限公司在生猪行业中有很大的影响力，与很多生猪产业头部企业建立了良好合作关系，取得了良好的市场占有率。

【平台实力】深圳市深亚达科技有限公司紧紧围绕水处理技术进行攻关，先后获得带智能温控系统图形用户界面的显示屏幕面板、无线智能控温系统及其控制方法等 34 项知识产权。

二、广州众行环保科技有限公司水处理技术创新平台

【平台概述】广州众行环保科技有限公司集环境咨询、环保技术研发、工

程设计和施工、一体化生化处理装置设备研发和销售、环保运营管理等综合服务于一体的创新型技术企业，主要业务涵盖养殖废水、畜禽粪便、生活污水等领域。

【平台创新点】广州众行环保科技有限公司自主研发的现代化装配和环保AI技术工艺主要利用拼装罐体替代传统土建池体，借助在线监测探头，利用同步短程硝化和反硝化反应机理，通过中央智能控制系统，远程控制终端设备实现整体污水处理系统稳定运行，系统出水达标排放或回用。

【平台创新理念】广州众行环保科技有限公司坚持实践是检验真理唯一标准理念，不断创新，大胆实践研发一代又一代新产品。与主流技术对比，能够为项目节省投资 10% 以上，运行成本降低 25% 以上。

【平台影响力】广州众行环保科技有限公司多项自主研发技术已在养殖废水中成功应用。合作客户主要有新希望集团（入选战略供应商库）、上海沁农、华统集团、广东省食出集团等。

【平台实力】广州众行环保科技有限公司主要核心技术团队具有多年养殖环保和工业废物治理经验，由华南农业大学博导、教授、清华大学污水处理核心技术团队成员等组成，研究生及以上学历等高端技术人员占比 60% 以上。公司一直与清华大学、华南农业大学、华南理工大学等高校进行产学研合作，目前公司核心技术包括同步短程硝化反硝化（SCND）、精准曝气技术、厌氧氨氧化（ANAMMOX）等前沿生化处理技术，与传统 AO 等活性污泥法、MBR 技术相比，具有投资省、占地小、自动化程度高、运行费用低、排泥少等优势。先后获得一种畜牧场负压净化通风系统、一种污水处理过程中精准控制溶解氧的方法等 40 项知识产权。

三、安徽鲸洋畜牧科技有限公司水处理技术创新平台

【平台概述】安徽鲸洋畜牧科技有限公司专业从事大型猪场整体规划设计和施工，自主研发小鲸洋洋猪联网平台软件硬件和智能水帘生产加工厂；配套养殖设备、环控设备、自动料线设备，环保污水处理、病死猪无害化处理及有机肥设备；提供生态循环猪场全产业链服务与交钥匙工程的高新技术企业。公司位于安徽省合肥市包河区中关村。

【平台创新点】安徽鲸洋畜牧科技有限公司自主研发的小鲸洋洋物联网控制器，经过了 3 年多的实地应用，通过软硬件系统的不断完善及升级迭代，经受住了各种复杂养殖环境的考验（目前覆盖存栏生猪 10 万余头），受到业主及生产负责人的一致好评。

【平台创新理念】安徽鲸洋畜牧科技有限公司小鲸洋洋物联网控制器基于

万物互联的理念，天生就是为每一台设备能独立联网而生（兼容各类设备及各种传感器），基于无线组网技术实现集中管理控制，在系统层面实现任何复杂的控制逻辑（分布式、模块化，除去了复杂的线路和配电箱，让安装更方便、维护更简单）。

【平台影响力】安徽鲸洋畜牧科技有限公司通过自主研发养殖场管理系统且实行平台永久免费的原则，为养殖场在数字化管理中提供帮助，助力企业高效精准管理。该套系统可实现远程管理、数据采集、上传、分析等，让养殖企业第一时间获得畜禽舍内相关的养殖数据，如温度、湿度、二氧化碳及氨气浓度、每栋舍每天的饮水量、用电量、饲料量等，同时在线监测每台设备的运行状态（断电报警、掉线报警等），可以及时通知、查看相关的问题设备，防患于未然。该系统便于操作管理，在行业内产生良好的影响。

【平台实力】安徽鲸洋畜牧科技有限公司获得知识产权 26 项，包括一种高效往复液压刮粪机及其工作方法、一种能够快速组装的保育栏、一种组合式保温箱盖、一种高效往复液压刮粪机及其工作方法等 4 项专利。

四、山东川一水处理科技股份有限公司水处理技术创新平台

【平台概述】山东川一水处理科技股份有限公司是国内专业的水处理设备及灌装杀菌净化设备生产商。公司集产品开发、工艺设计、生产安装及销售服务于一体，是一家实力雄厚的科技开发型企业。

【平台创新点】山东川一水处理科技股份有限公司坚持安全第一，严格按照国家标准设计水处理生产工艺、严格把握各环节要素，从系统角度设计产品。

【平台创新理念】山东川一水处理科技股份有限公司，始终秉承"川一之道"亦即"不断开拓、努力创新"之道，持续不断地为客户创造价值。拥有打造人才的机制和平台，有专业的技术工程团队，对每一位客户需求都能给出个性化的选择和处理，设计理念具有很好的创新性。公司以严格的质量管控、专业的安装调试、周到及时的售后服务，实现客户至上的理念，进而形成人单合一的双赢文化。

【平台影响力】山东川一水处理科技股份有限公司已通过 ISO9001 质量体系认证，取得涉水安全产品卫生许可批件，秉承快引进、多改进、不断创新的科技进步观念，产品畅销全国并且出口到加拿大、泰国、肯尼亚、马来西亚、沙特、安哥拉、日本、澳大利亚、莫桑比克、赞比亚、哈萨克斯坦、几内亚、乌兹别克斯坦、巴基斯坦等 50 多个国家，创造了大量的优良业绩，从而奠定了公司在行业中的优势地位。

【平台实力】山东川一水处理科技股份有限公司具有 14 项知识产权，其中，一种风淋室、一种吊顶式空气净化器、一种过流式紫外线杀菌器、一种袋式过滤器、一种立装式生活污水处理设备、一种盘式过滤器、一种可移动式净水站、一种过滤器快装支架、一种自清洗式过滤器、一种浅埋式生活污水处理设备专利 10 项。

五、广东山美环境科技有限公司水处理技术创新平台

【平台概述】广东山美环境科技有限公司是专注水处理、废气治理药剂的研发生产厂家，致力于为用户提供废水、废气定制化解决方案。在东莞设立生产基地，并在河南、江苏设立有大型仓库和技术人员，自主研发生产"倍净师"品牌植物除臭剂、生物除臭剂、破乳剂、脱色剂等核心产品。

【平台创新点】广东山美环境科技有限公司是水处理领域专业公司，其中在清理过滤网板的污水处理装置、除臭剂加工用装桶装置、清洗滤芯的有机废气治理用过滤处理装置、废水再利用、脱硫废水的零排放处理工艺及系统、有防腐杀菌效果的除臭剂、有驱蚊蝇效果的除臭剂、垃圾废气处理一体化设备研究与开发等方面具有创新点。

【平台创新理念】广东山美环境科技有限公司坚持科研先到，动员全体科研人员开发新产品，注重于专利申请、保护知识产权、注重于企业标准的制定。

【平台影响力】广东山美环境科技有限公司不仅生产"倍净师"品牌水处理、废气治理药剂，更能帮助和协助解决环保问题。通过 ISO 9001 和 ISO 1400 认证，拥有多项产品发明专利与实用型专利，每年 30% 以上的收入投入产品的研发与创新。

【平台实力】广东山美环境科技有限公司拥有强大的技术服务团队，10 多名专业的产品应用工程师，解决客户药剂选用、配比、现场操作及设备运行难题。先后获得一种便于清理过滤网板的污水处理装置、一种除臭剂加工用装桶装置等知识产权 19 项。

六、青州天瑞环保科技有限公司水处理技术创新平台

【平台概述】青州天瑞环保科技有限公司是一家研发、销售水处理设备的公司，在行业内服务多年，培育出一批在工程方案设计、设备安装调试上实践工作经验丰富的工程技术人员。公司还可以根据用户的实际使用要求，提供高性价比的解决方案。公司主营的产品有：山东水处理设备、潍坊水处理设备、青州矿泉水设备、山东矿泉水设备、纯净水设备、小瓶灌装设备、纯

水设备、小型水质处理器（反渗透纯水机、净水器、直饮机），灌装设备及相关配套产品。

【平台创新点】青州天瑞环保科技有限公司一直将膜分离技术、分离新工艺、前沿的水处理技术应用于工业纯水制造、民用直饮水处理及中水回用、污水处理等相关产品上。

【平台创新理念】青州天瑞环保科技有限公司努力为广大顾客提供性价比更佳、质量更优、服务更好的产品，提高顾客的生产力和竞争力。秉持"技术创新以科技为中心，设备生产以质量为中心，售后服务以用户为中心"的宗旨，深受行业的爱戴。天瑞环保科技有限公司秉承"科学创新，技术领先，以人为本，客户至上"的经营服务理念；力争成为客户的优秀服务商，为客户提供具竞争力的专业技术方案及周到的服务体系。

【平台影响力】青州天瑞环保科技有限公司秉持"技术创新以科技为中心，设备生产以质量为中心，售后服务以用户为中心"的宗旨，开发了水处理设备零配件、采暖设备零配件、太阳能照明设备零配件、风力发电设备零配件组装、销售，秸秆气化炉销售等产品，深受行业的爱戴。

【平台实力】青州天瑞环保科技有限公司坚持科研开发与生产并行，在研究开发方面投入了大量财力和人力，先后获得软件著作权和专利授权 5 项。

七、上海瑞奈格净化技术有限公司水处理技术创新平台

【平台概述】上海瑞奈格净化技术有限公司是专注于电化学的技术研究、产品开发、生产销售并服务于农牧领域的高科技公司。公司专注电解水技术研究 10 多年，产品的开发与研究经由浙江大学、华南农业大学、上海韦希尔等单位共同合作进行，着重于气体、液体分离及纯净设备制造。

【平台创新点】上海瑞奈格净化技术有限公司致力于电解水技术的研究与应用，推广并服务于畜牧行业，成为行业绿色消毒引领者。在杀灭水源和空气中病原微生物的同时，对人畜和环境等无任何危害。

【平台创新理念】上海瑞奈格净化技术有限公司为生猪产业发展着想，无论对人还是动物，水都是生命之源，让猪喝上安全、干净的优质饮水是上海瑞奈格净化技术有限公司最大追求，杀灭水中有害微生物，同时要保护好人畜健康和环境，是上海瑞奈格净化技术有限公司的使命。

【平台影响力】上海瑞奈格净化技术有限公司以生命至上、安全至上、良心至上的理念做好每一吨水的净化与处理，赢得了市场认可与客户的好评。

【平台实力】上海瑞奈格净化技术有限公司获得 10 项知识产权。

八、斯普莱斯科技（北京）有限公司水处理技术创新平台

【平台概述】斯普莱斯科技（北京）有限公司专业从事研发和制造饮用水净化、海水淡化和医疗专业用水工艺设备的高新技术企业。依托德国斯普莱斯医药用水处理设备多年技术积累，目前在山东省和湖南省拥有两家设备生产厂，并按照德国标准建设现代化生产制造园区。

【平台创新点】斯普莱斯科技（北京）有限公司采用德国先进膜元件及控制系统为制药企业提供用水整体解决方案，包括设计、建造、现场安装调试、验证、培训、相关认证资料支持及后期运行维护等全流程服务。

【平台创新理念】斯普莱斯科技（北京）有限公司为用户提供"一站式、全方位"服务。公司有成熟的技术、高标准的设备和完善的售后服务体系。斯普莱斯（SPOTLESS）作为核心品牌服务全领域净水。

【平台影响力】斯普莱斯科技（北京）有限公司专注水处理设备制造100多年，拥有世界前沿技术。完全按照德国标准建设的现代化生产制造园区，结合德国技术和标准，先进、安全的设备已经销往全国和海外多个国家。并深入贯彻国家推动军民融合、军民合作的政策发展方向，与中国人民解放军第九六〇一军工厂，深度合作加工生产及装配更高规格要求的全领域净水处理设备。

【平台实力】斯普莱斯科技（北京）有限公司拥有多项水处理专利技术，是德国斯普莱斯品牌在亚太地区的唯一合作伙伴，公司成立伊始即引进德国工艺，用先进、科学、严谨的德国技术为客户提供国内外先进的水处理设备和技术服务。

第五章　数字化检测创新平台

数字化检测已经取代了图谱诊断疾病，特别是近年发展迅速的试剂盒应用非常广泛。数字化诊断技术深入猪场第一线。

一、北京中科基因技术股份有限公司数字化检测创新平台

【平台概述】北京中科基因技术股份有限公司致力于打造国内首个兽医检测检验独立实验室连锁机构。依托动物传染病诊断试剂与疫苗开发国家地方联合工程实验室等技术优势，利用公司和国内外知名实验室比对认证的诊断试剂及诊断用标准物质，推动兽医检测检验实验室标准化运营，引领我国兽医数字化变革，高标准搭建智慧兽医诊断体系。

【平台创新点】北京中科基因技术股份有限公司组建共享实验室及共享专家体系，为养殖企业提供疫病诊断、基因测序、免疫效果评价服务；为畜禽疫病及宠物诊疗机构、大学及科研机构、政府疫控及食品安全监管部门、兽药疫苗饲料企业提供临床检验、免疫效果评价、临床试验、售后服务外包等第三方服务。同时开展线上线下兽医继续教育培训，为用户提供疫病流行信息、兽药及疫苗质量评价信息、细菌耐药性数字地图及病原变异、迁移和分布信息等大数据共享服务。

【平台创新理念】北京中科基因技术股份有限公司奉行"独立公正，专业高效"的服务理念，致力于提高我国兽医诊断及疫病防控水平，打造动物健康管理及安全畜产品生产生态圈。

【平台影响力】北京中科基因技术股份有限公司在全国二十几个省份成立了检测机构，为广大养殖企业提供便利服务，特别是非洲猪瘟疫情期间，大量的检测任务、繁重的劳动、精准检测技术、良好的服务意识和友情的社会责任，让全国生猪产业企业家们深受感动。

【平台实力】北京中科基因技术股份有限公司具有 138 项知识产权，其中，软件著作权 28 项，获得犬腺病毒 1 型单克隆抗体、可变区序列、杂交瘤细胞株及其应用、犬副流感病毒单克隆抗体及其应用、酶标提取过程、非洲猪瘟病毒检测试剂盒及其应用、一种制备含量子点标记的抗猪病毒抗体免疫

层析试纸条的方法、制备的试纸条及应用，一种制备含量子点标记的抗犬病毒抗体免疫层析试纸条的方法、制备的试纸条及应用等专利授权。

二、湖南冠牧生物科技有限公司数字化检测创新平台

【平台概述】湖南冠牧生物科技有限公司聚焦于动物体外诊断设备和试剂领域，是湖南首家通过兽用分子诊断和免疫诊断 GMP 动态验收，集研发、生产、销售和服务为一体的高新技术企业。总部坐落在长沙梅溪湖 CBD 国际商务中心，研发生产基地位于科技部、教育部首批认定的"中部崛起新引擎 湖南创新新高地"岳麓山国家大学科技城。

【平台创新点】湖南冠牧生物科技有限公司作为动物精准诊断技术和解决方案领先者，公司开发了精准的猪病、禽病、反刍动物、水生动物和宠物荧光 PCR 试剂和抗体检测试剂，搭载配套的荧光定量 PCR 仪、核酸自动提取仪、酶标仪等设备，能够精准地诊断动物传染病，指导疫病防控。

【平台创新理念】湖南冠牧生物科技有限公司把精准作为产品开发的信仰，通过各种措施保证检测结果更加精准。公司是动物诊断领域 aPCR 试剂内标使用首倡者和 UNG 酶技术的率先使用者。专为农牧领域研发的核酸提取产品，耐受各种复杂样本，敏感性更高、纯度更好；提供敏感、稳定的四通道荧光 PCR 仪，优先使用多靶标检测，综合判断；在工艺上不断优化和把关，减小批间差，保证试剂稳定。

【平台影响力】湖南冠牧生物科技有限公司开发了 200 余种动物疫病荧光 PCR 试剂和免疫检测试剂，搭配冠牧精准诊断方案，能够帮助养殖场解决各种疫病问题，守护动物健康，保障食品安全。冠牧精准诊断作为养殖企业的防疫管理外脑，为企业提供强有力的精准诊断工具，帮助企业用好检测中心，做好健康管理。该平台设计理念先进，便于使用，节省能源，受到客户喜欢，在生猪行业产生较强的影响力。

【平台实力】湖南冠牧生物科技有限公司是一家技术导向型企业，作为湖南省新型研发机构，公司每年确保营收的 20% 用于新产品研发，高层次人才占比达到 5%，中高级职称人才占比达到 30%，研究生以上学历人员占比达到 60%。具有一种快速核酸检测微流控芯片、核酸检测系统及方法，一种试剂条输送检测装置等 39 项知识产权。

三、大龙兴创实验仪器（北京）股份公司数字化检测创新平台

【平台概述】大龙兴创实验仪器（北京）股份公司集研发、生产、贸易于一体的实验室通用仪器设备制造公司。多年来公司建立并不断强化质量

管理体系，产品均遵照 ISO9001/13485 标准进行设计和制造，部分产品通过德国莱茵（TÜV）严苛检测，获得 CE、TÜV 等证书。产品多应用于化学、生物和临床诊断、法医、环境和食品实验室。公司的品牌包括：DLAB、DRAGONLAB、DRAGONMED、DRAGON 等。

【平台创新点】大龙兴创实验仪器（北京）股份公司一是在原有仪器、设备基础上不断改进与创新，获得多项改进设备，为实验室工作创造更多便利条件；二是发明新仪器和设备，大大提高检测效率与质量。

【平台创新理念】大龙兴创实验仪器（北京）股份公司坚持追求更高质量、更高安全性、更高准确度，不断为客户创造更大价值。

【平台影响力】大龙兴创实验仪器（北京）股份公司在过去的近 20 年中，开发和生产了数百种产品，覆盖了移液产品、蒸馏系列产品、加热搅拌产品、温控产品、离心机和其他小仪器六大类，多应用于大中小型企业、科研院校等不同环境中。其中大龙品牌（DRAGONLAB）移液器在国际市场及中国市场占有率很高。大龙拥有大规模化的生产基地，严格实行精细化管理，同时也为行业内诸多公司提供 ODM/OEM 服务。

2021 年大龙校准实验室通过 CNAS 认证，2022 年大龙仪器成功入选市级"专精特新"企业，并获得"专精特新"小巨人的殊荣。

公司的品牌包括：DLAB、DRAGONLAB、DRAGONMED、DRAGON 等。

【平台实力】大龙兴创实验仪器（北京）股份公司拥有成熟的研发团队和成熟的供应链体系，能够为客户及时提供具有成本效益的解决方案。近年来获得知识产权 185 项，专利技术 122 项。包括：微量高速离心机、离心机（D1012U）、旋转蒸发仪用卡环结构、磁力搅拌器、一种圆周摇床、荧光定量 PCR 仪、检测仪（QPCR）、混匀仪、移液器、瓶口分液器等很多专利仪器和设备。

第六章 养猪精密零配件创新平台

为实现精细化养猪，猪场设备从自制设备走向精细化设备，特别是工业化、成熟技术越来越多地应用到生猪产业。

一、烟台艾睿光电科技有限公司精密零配件创新平台

【平台概述】烟台艾睿光电科技有限公司专注于红外成像技术和产品的研发制造，具有完全自主知识产权，致力于为全球客户提供专业的、有竞争力的红外热成像产品和行业解决方案。主要产品包括红外焦平面探测器芯片、热成像机芯模组和应用终端产品。

【平台创新点】烟台艾睿光电科技有限公司把现代新技术应用于生猪产业设备研发。特别是集成电路芯片、MEMS 传感器设计和制造、Matrix IV 图像算法和 AItemp 智能精准测温算法等。

【平台创新理念】烟台艾睿光电科技有限公司致力于打造中国最有价值的特种芯片企业，成为世界领先的智慧感知技术解决方案提供商。将持续践行"责任、进取、敏行、合作"的核心价值观，坚持客户需求先导，技术创新领先，推行垂直整合经营模式，立足红外领域做优，横向拓展进入其他领域做强，服务并进就客户，为社会创造增量价值。

【平台影响力】烟台艾睿光电科技有限公司通过利用现代新技术开发的畜牧养殖装备，如巡检机器人，大大减少了养殖场工人劳动强度、提高了工作效率，是建设及运营现代化养殖场的必要工具，帮助养殖场增效降本。该平台充分设计为动物提供照明同时，兼顾动物福利；在考虑饲养操作照明同时，兼顾对人眼的影响；在操作方面改变过去手工操作而实现了智能化，受到行业从业人员格外关注，产生了良好的行业影响力。

【平台实力】烟台艾睿光电科技有限公司已获授权及受理知识产权项目共1 760 项：国内专利及专利申请 1 099 项（包括集成电路芯片、MEMS 传感器设计和制造、Matrix IV 图像算法和 AItemp 智能精准测温算法等）；国内商标申请共 277 项；国外专利及专利申请 35 项；国外商标申请 107 项；软件著作权 191 项；集成电路布图设计 51 项。包括：微型红外模组、家用复合型机器

人，一种多镜头识别系统、吊装轨道及拼接轨道单元，一种洗车装置及洗车方法，一种复合材料结构的加工工艺及复合嵌件、复合壳体，一种定位方法、装置、存储介质及机器人、智能诊断方法及装置、红外热成像设备、介质，一种面对多种环境应用的机器人底盘平台、基于先验概率地图的点云定位方法、装置、设备及介质等专利技术。

二、青岛盛牧源机械有限公司精密零配件创新平台

【平台概述】青岛盛牧源机械有限公司集钣金冲压、五金制品和橡塑制品产销为一体的专业厂家。主要产品有风机系列：轴流风机、温室降温设备、畜牧风机等，该类产品广泛用于农业、花卉、畜牧业、矿山等行业。冲压，钣金制品：加工精密钣金件、冲压件，各种风机的外框及汽车配件、农机配件等。

【平台创新点】青岛盛牧源机械有限公司创新点是在每个元器件上做到极致，组装的整套设备就是一个高标准的大楼，坚持基础决定整体的原则，坚持细节决定精美的思想。

【平台创新理念】青岛盛牧源机械有限公司秉承"质量第一、用户至上、科学管理、持续改进"的经营理念，汇聚了行业内大量专业人才，核心管理团队拥有丰富的行业经验以及对产业发展的深入理解。

【平台影响力】青岛盛牧源机械有限公司在行业内具有一定的影响力，因为只有把基本部件做到精品，总成的设备才能够耐用。

【平台实力】青岛盛牧源机械有限公司已通过 CE 认证，产品出口到亚洲、欧美等国家和地区。

第七章　通风、温控技术创新平台

工厂化养猪以流水生产为主要特征，绝大部分猪舍是封闭管理，全部靠装备实现猪舍环境控制，因此，通风、温控设备成为核心设备之一。

一、上海铭金设备有限公司通风、温控技术创新平台

【平台概述】上海铭金机械设备有限公司是国内最先自主研发专业生产养殖行业环保加温设备的生产厂家，为中国畜牧行业提供专业的供暖系统解决方案。目前铭金集团生产和销售燃气（液化气、天然气）、燃油、电加热供暖产品。

【平台创新点】上海铭金机械设备有限公司创新点：一是深入研究小而轻的换热器，一改过去庞大、沉重的换热器；二是充分利用现有清洁能源的换热器。

【平台创新理念】上海铭金机械设备有限公司坚持服务客户、服务生猪产业的理念，同时根据不同地区温度，确定产品技术指标，提供供暖系统解决方案。

【平台影响力】上海铭金机械设备有限公司是行业热力系统知名企业，受到养殖行业的信任与欢迎。注重"产、学、研"深度融合，获得上海同济大学长期支持，由双方共同设计研发的产品获得国内外客户的一致好评。

【平台实力】上海铭金机械设备有限公司获得知识产权49项，其中，一种应用于燃油热风机的独立供氧系统、一种带独立供氧系统的移动式燃油热风机、一种应用于间接燃烧的热风机的换热器、一种美观移动方便占地小的燃油热风机、一种应用于燃油热风机的控制风量的风阀、一种应用于燃油热风机的"T"形供氧通风装置、一种应用于燃气热风机的燃烧配风盘、一种热风机用燃烧器、一种燃油热风机用挡火板等25项专利授权。

二、江西奥斯盾农牧设备有限公司通风、温控技术创新平台

【平台概述】江西奥斯盾农牧设备有限公司是一家系统通风设计、产品研发和科技推广公司。主要开展猪场规划、设计、咨询；猪场建造、设备供应；

猪场环保、方案设计及实施；猪场管理及信息化建设；猪场托管及顾问制。

【平台创新点】江西奥斯盾农牧设备有限公司利用个性化理念设计垂直通风技术，提高环境控制精确性，保证舍内温度、湿度、氨气浓度等环境控制在猪群生长舒适的范围，提高生产效率。整栋猪舍一直处于一个负压的状态，猪舍的废气扇将空气"吸"到室外，室外的空气就会自动从屋檐下方或者湿帘处进入室内，然后垂直通过猪的身体进入粪坑内，通风效率远高于水平的风通过猪的背部，水平通风没有真正给猪带来降温效果并且浪费电。

【平台创新理念】江西奥斯盾农牧设计有限公司立志成为中国现代化养猪垂直通风环境控制的引领者，倡导"智能、创新、卓越"的养猪理念，成为中国养猪业现代化进程的有力推手。

【平台影响力】江西奥斯盾农牧设备有限公司深入研究"垂直通风猪舍"里的主要产品，采用全球最先进的"AirWorks"（爱沃克）垂直通风系统，提高环境控制精确性，保证舍内温度、湿度、氨气浓度等环境控制在猪群生长舒适的范围，提高生产成绩，解决了猪舍环境的用电能耗问题且保证了稳定适应的猪只生长环境。该平台大大促进了生猪产业的高质量发展，受到养殖场广泛关注。

【平台实力】江西奥斯盾农牧设备有限公司拥有现代化的厂房，优秀的管理，精益求精的制造，不仅可以为客户提供现代化养猪咨询和规划、设计，并且可以为客户提供更先进的现代化猪舍"AirWorks"交钥匙放心工程。该公司拥有一批具有国际视野的技术人才，具有自主研发团队，公司和美国、中国台湾、意大利、法国、德国等著名设备公司合作，部分产品完全是自主创新，具有国际先进水平，获得知识产权授权 12 项，包括现代化猪舍、定量给水阀、猪场智能化通风系统、猪场智能化自动控制设备等 4 项专利技术。

三、青岛高烽电机有限公司通风、温控技术创新平台

【平台概述】青岛高烽电机有限公司专注于为畜禽养殖企业提供全套环境控制解决方案的高新技术公司，集整场规划设计、设备生产、产品研发、工程施工服务于一体的现代化公司。产品包括模压玻璃钢风机、无级调速高效风机、高压风机、太阳能风机、湿帘、通风窗、配电箱和控制器等环控设备。

【平台创新点】青岛高烽电机有限公司创新在于靶向通风、精准实施、定点、定时给风的设计思想。

【平台创新理念】青岛高烽电机有限公司秉承"诚实守信、拼搏好学"的企业精神，以诚信共赢为理念，始终坚持用户至上，用心服务于客户，坚持用自己的服务打动客户。公司获得了 ISO9001 质量管理体系认证、ISO 职业

健康安全管理体系认证、ISO14001 环境管理体系认证、CCC 认证、欧盟 CE 认证、SGS 认证、北美 ETL 认证等。

【平台影响力】青岛高烽电机有限公司获得了 ISO9001 质量管理体系认证、ISO 职业健康安全管理体系认证、ISO14001 环境管理体系认证、CCC 认证、欧盟 CE 认证、SGS 认证、北美 ETL 认证等。产品供应全国各地以及东南亚、西亚、非洲、欧美等国家和地区。公司立足国内，放眼全球，以市场为导向，提供一流的服务，携手低碳生活，共创绿色养殖，勇创世界品牌，力争成为世界一流养殖设备供应商。

【平台实力】青岛高烽电机有限公司在国内设有山东高烽畜牧科技有限公司——西安交通大学合作研发中心，并成立了南阳高峰、广西高峰、湖南高峰，以更好地服务于畜牧养殖行业。在国外成立了泰国分公司，并将继续在欧洲市场、北美市场和南美市场加大投入力度，为全球客户提供贴心服务。公司配备了先进的生产和检测设备，其中风洞实验室达到了国内先进水平，成功获得实验室国家认可证书，能够专业、快捷、高效地进行检测服务。获得一种猪用不锈钢漏粪板、一种畜禽舍下卷式通风卷帘装置等 36 项知识产权。

四、宁波先锋中央电暖科技有限公司通风、温控技术创新平台

【平台概述】宁波先锋中央电暖科技有限公司集自主研发、生产制造、销售、项目施工于一体，通过多年对畜牧业采暖、烘干问题的实战与研究，专门研发生产了一套适合于畜牧业的集控采暖方案，帮助猪企提高生产效率，降低使用、运营成本。

【平台创新点】宁波先锋中央电暖科技有限公司采用智能个性化设计，洗消房烘干房做到高压冲洗、高温烘干，全方位智能洗消。烘干房可以配置智能集控系统，智能定时烘干自动停机，节能高效。宿舍楼办公楼智能采暖无需大网，手机一体化智能控温电采暖，可远程编程操控，分时段分区域管控，能源管理实时掌控，杜绝浪费。智能恒温按需自动调节设备启停，手机智能远程操控、故障警报，实时监控设备运行状态，能源管理实时掌控，降低人工管理成本。

【平台创新理念】宁波先锋中央电暖科技有限公司本着节能设计理念开展产品供暖和消毒工作。针对非洲猪瘟，要求 8 min 内达到 70℃温度，迅速杀死病毒。

【平台影响力】宁波先锋中央电暖科技有限公司以"中国中央电暖及室内加热器标准与技术产业联盟主席单位"身份参与组织制定了 3 项国家标准和 5

项行业标准。先锋还拥有国内国际多项发明专利，销售网络遍布全国，旗下产品出口美国、英国、法国、日本等多个发达国家。

【平台实力】宁波先锋中央电暖科技有限公司拥有高效自动化生产线，在保证产品质量标准化统一的同时大大地提高了产能，取暖器年产量可达800万台。行业唯一气候模拟实验室，能真实模拟日常居住空间的温度、湿度、空气流速等各项指标，使检测数据更加准确，产品的性能更加适应日常生活。获得一种带有烘干功能的晾衣架、电热毛巾架（灭霸）等知识产权72项。

五、健德佳（深圳）智能电热科技有限公司通风、温控技术创新平台

【平台概述】健德佳（深圳）智能电热科技有限公司成立于2020年。一家专为仔猪健康提供智能化供暖的公司，公司目前主要的研发产品：健德佳智能健康垫、健德佳远红外保温灯，健德佳红外线保温灯是专为产后哺乳期的仔猪设计的，为仔猪提供适宜的生长环境，促进仔猪的生长发育，减少仔猪的死亡率，为猪场节省能源的同时带来利润。

【平台创新点】健德佳（深圳）智能电热科技有限公司创新点在于关注仔猪健康。仔猪是生猪第一个生长阶段，仔猪阶段因温度、环境原因出现生长受阻，会影响到终身生长。因此，关注仔猪健康是生猪产业提高生产效率的根本。

【平台创新理念】健德佳（深圳）智能电热科技有限公司以智能、节能、安全、便捷的开发理念，持续为养猪人提供更优质、更智能的产品。

【平台影响力】健德佳（深圳）智能电热科技有限公司开发的健德佳智能健康垫、健德佳远红外保温灯、健德佳红外线保温灯等仔猪系列保温度、保健康产品，是专为哺乳期的仔猪架桥、铺路，为仔猪后续生长提供适宜的生长环境，促进仔猪的健康生长发育，受到业界欢迎。

【平台实力】获得一种寿命较长的反射型幼猪养殖用保温灯新型实用专利。

六、永城市创芯锅炉有限公司通风、温控技术创新平台

【平台概述】永城市创芯锅炉有限公司专业研发生产养殖、种植干加温专用锅炉的制造厂家。公司主管人员曾经从事锅炉销售业务长达20年之久，自2010年转变为具有制造资质的规模化生产企业；对用户所需产品具有更先进的改进方案，产品技术及设计更成熟，销售网络遍布各地，获得广大用户的一致好评。

【平台创新点】永城市创芯锅炉有限公司创新点是温度自由掌控、全自动智能数字恒温、具有安装方便、快速升温；开放式清灰始终如新、长期节能、便于维护。

【平台创新理念】创芯的宗旨是"宁费万元工料，不留一分缺陷；一人使用，带动一片"。创芯锅炉是广大养殖、种植、烘干等行业理想的合作伙伴。公司以"您是大股东，我是小股民"为经营理念，欢迎您的加入！创芯 创新自创炉芯，与众不同，技术更新！

【平台影响力】永城市创芯锅炉有限公司致力于锅炉领域研究20年，在行业成为"锅炉专家"，产品性能稳定、质量有保证，一代又一代产品更新，特别是伴随着能源结构的改变，新产品层出不穷，受到业内的广泛赞誉。

【平台实力】永城市创芯锅炉有限公司经多年研发实现全自动智能数字恒温，利用新能源开发新产品，有着20多年的技术积淀。

七、青州飞腾温控机械有限公司通风、温控技术创新平台

【平台概述】青州飞腾温控机械有限公司集专业生产温控设计、制造、安装、销售、售后服务于一体的高新科技环保型企业。主要产品有畜牧风机、工业厂房专用风机、屋顶自动通风机等通风降温系列；湿帘、冷风机、水冷空调等室内降温系列；全自动热风炉、全（半）自动燃煤燃油热风炉、引风机、暖风炉等加温系列。

【平台创新点】青州飞腾温控机械有限公司创新点在于湿帘、冷风机、水冷空调设备细节创新，如燃烧机接口、传送装置、排风扇百叶推拉杆、自动塞盘等。

【平台创新理念】青州飞腾温控机械有限公司本着"以质量求生存，以信誉求发展"的经营理念，以可靠的品质、完善的服务不断开拓进取，为客户提供优质的产品及售后服务。

【平台影响力】青州飞腾温控机械有限公司在湿帘、风机、自动供料系统方面创新，改革过去陈旧系统，受到大家青睐。

【平台实力】青州飞腾温控机械有限公司加大科技投入，鼓励科技人员发明、创新、创造，获得知识产权31项。其中，一种具有加气加油功能的燃烧机接口、一种玻璃钢风机电机皮带传送装置、一种手动控制的排风扇百叶推拉杆、一种可控制料塔手动下料数量的装置、一种养猪自动塞盘喂料系统、一种提高排风机效能的"T"字形直连风机支架、一种防水防尘保护三角带和轴承的排风机护罩、燃烧机燃油控制系统触摸系统按键、一种防止多余剩料的鸡料盘、一种养牛场专用防腐性悬挂式风机等专利16项。

八、四川风博士通风设备有限公司通风、温控技术创新平台

【平台概述】四川风博士通风设备有限公司专业从事通风、降温、除尘设备开发研究及应用的生产厂商，一直专注于实现风博士人的共同梦想，"让风博士通风、降温、除尘设备走进每个车间、农场、牧场……为人们营造一个又一个清凉绿色环保的空间！"

【平台创新点】四川风博士通风设备有限公司创新点在于解决当前养殖业所共同面临的难题，即除臭技术。

【平台创新理念】四川风博士通风设备有限公司成立伊始便顺应时代的脉搏，立足于高起点的发展战略思维，秉持"立信百年、大爱无疆；用品质铸造企业辉煌"的经营理念。

【平台影响力】四川风博士通风设备有限公司产品以其噪声低、风量大、耗能小、降温快、运行平稳、寿命长、环保无二次污染、投资小、性价比高以及高效专业的售后服务，赢得了广大用户的肯定。"十三五"规划纲要，国家继续把低碳、节能环保行业作为重点发展和扶持的新兴产业。风博士人将借助政策春风，加快标准化、现代化、规模化、国际化的建设步伐，全面提升核心竞争力，为我国的节能减排事业贡献力量。

【平台实力】四川风博士通风设备有限公司与有关大专院校、科研院所进行紧密的协作和合作，采用CAD/CAM进行优化的设计和制造，先后开发生产出大型畜牧风机、温室用风机、工业厂房用风机、负压风机、环流风机、湿帘风机、水帘加温降温系统等相关产品，广泛用于农业种植、养殖；工业纺织、机械、五金、鞋业、塑料、制衣、皮革、陶瓷、玻璃、包装等行业及礼堂、影院、网吧、展览馆等公共场所，为广大客户有效解决了降温、通风、除味、防尘等难题。获得多项知识产权，其中专利15项，包括：环保除臭设备、正压进风环保除臭设备、除臭除尘风机等专利技术授权。

九、山东恒元绿丰农牧科技有限公司通风、温控技术创新平台

【平台概述】山东恒元绿丰农牧科技有限公司位于山东半岛中部地区，是集产品设计、制造、工程预算于一体的综合型公司。公司是通用通风温控系统、畜禽养殖系统、畜禽场管理系统标准的企业，在短时间内实现工程方案规划设计及解决方案。

【平台创新点】山东恒元绿丰农牧科技有限公司创新点是针对产品原材料从进货严格把关，根据各个电压、频率、相数不同，对电机进行检测。降温风机产品主要部件都采用锌层加厚镀锌板或不锈钢板，经过数控加工中心冲

压成型。这样的产品具有风量大、阻力小等特点。

【平台创新理念】山东恒元绿丰农牧科技有限公司理念是深入研究通风理论与时间，坚持把风机做到极致。

【平台影响力】山东恒元绿丰农牧科技有限公司产品有推拉式、重锤式风机、蝴蝶门式、百叶拢风筒式风机、玻璃钢风机、牛舍风机、屋顶无动力风机、高强度湿帘、冷风机等通风降温加湿设备；全自动燃煤（燃油、电能）热风机、大型水暖锅炉等加温取暖设备及刮板牵引式清粪机、传送带式清粪机、自动养殖水线、料线和养殖笼具等养殖配套设备 200 余个品种。

【平台实力】山东恒元绿丰农牧科技有限公司风机湿帘配套系统可自动控制温度，生产效率高，被应用于工厂车间、仓库、温室、养殖场等场所。获得 2 项知识产权。

十、山东兴恒环境科技有限公司通风、温控技术创新平台

【平台概述】山东兴恒环境科技有限公司主营排烟风机、轴流风机、离心风机、防火阀、排烟阀、排烟防火阀、排烟口、镀锌风管、螺旋风管、不锈钢风管、玻璃钢管道、镀锌水箱、不锈钢水箱、模压水箱、冷却塔、风机盘管、新风机组及其他通风设备、净化设备。

【平台创新点】山东兴恒环境科技有限公司创新点在于把风机做到极致。一是力争做到通风量最大；二是节能通风、变频通风。

【平台创新理念】山东兴恒环境科技有限公司秉承"合规、专业、诚信、创新"的经营理念，提升企业实力，创新业务品种，积极践行社会责任。为客户提供中央空调末端产品、玻璃钢制品、轴流式消防排烟风机相关产品和服务。

【平台影响力】山东兴恒环境科技有限公司潜心在风机领域研究、试验、推广，产品开发不断迭代、更新，把风机做到极致，实现专注、专业、敬业、创新、进步的境界，受到行业内推崇。

【平台实力】山东兴恒环境科技有限公司获得知识产权 59 项。其中，一种高效率的节能型离心风机、一种便于维修的养殖场换气机、一种钢面防火风管加工折弯装置、一种带有防碰伤结构的卧式暗装风机盘管、一种净化设备用稳定型缠绕管、一种变频空调回收再利用装置、一种蘑菇种植用恒温保湿设备、一种圆柱形旋转开启消防防火阀、一种用于点支式玻璃幕墙的专用打胶设备、高效节能冷却塔等专利技术 44 项。

第八章 精密仪器创新平台

这里主要指用于检验的精密仪器，如猪人工授精等检验所需精密仪器，过去这类设备主要是国外进口，近十年国内一些公司开发同类产品达到国际先进水平。

一、广州集牧农牧科技股份有限公司精密仪器创新平台

【平台概述】广州集牧农牧科技股份有限公司是一家集研发、生产、销售、电商、培训、服务于一体的综合型公司。

【平台创新点】广州集牧农牧科技股份有限公司创新点在于猪人工授精领域的深耕细作，对行业技术进步推动极大。

【平台创新理念】广州集牧农牧科技股份有限公司品牌为"牧斯德"。牧斯德，"牧"代表行业，"斯"代表天降大任于斯人也，"德"是以德为本。牧斯德——猪场耗材全品类服务商，深耕于畜牧行业，用心专注用户，服务于整个畜牧行业，以真正为畜牧人服务为首任。始终坚持客户第一，以"优质的产品和细致的服务"为立业之根本，并形成一套完整的"资源整合、研发生产、现场测试、标准制定、多平台推广、多网点服务"一站式产品服务体系。

【平台影响力】广州集牧农牧科技股份有限公司面向未来，坚持以客户需求为核心、以研发为先导、以人才为基础、以质量求生存、以服务求信誉、以管理求效益、以创新求发展，不断探索多元化经营、专业化发展道路，最终形成了符合公司自身特色、企业品牌和发展战略的企业文化，充分体现了公司的核心价值观和"以德为本"的企业精神，为公司向更高层次的发展奠定了坚实的基础。

【平台实力】广州集牧农牧科技股份有限公司获得知识产权242项，其中，多功能自动旋转贴标系统、一种深部输精管、公猪查情车、一种智能化精准高速研磨成型设备、串联式输精袋、假母台、内置滤纸的采精袋、一种分段式公猪查情车、一种智能化精准高速研磨成型设备、一种一拖多的温控器等专利67项。

二、上海卡苏生物科技有限公司精密仪器创新平台

【平台概述】上海卡苏生物科技有限公司是世界生物繁育技术的先驱——法国 IMV 卡苏在中国的全资子公司。法国卡苏的创始人罗伯特·卡苏先生是牛冷冻精液细管的发明人，IMV 卡苏公司一直在人工授精、精液冷冻和胚胎移植方面居于世界领先地位。主营人工授精、胚胎移植、卡苏输精枪、卡苏输精枪外套管、卡苏解冻杯、母牛发情检测贴、兽用长手套、采精手套、防护服、卡苏细管、细管剪刀、密度仪、CASA 精液分析系统、单头精液灌装机、MCA 自动计数包装机、四头精液灌装机、灌装封口打印一体机、冷冻仪、MCM 手动技术包装机、精液稀释液等产品专业生产加工的公司，拥有完整、科学的质量管理体系。IMV 卡苏公司不仅在猪、马、牛、羊、家禽、狗、兔、鱼等动物领域的人工授精方面技术造诣颇深，还在人类辅助生殖、生物样本储存等方面具有市场优势。

【平台创新点】上海卡苏生物科技有限公司不断引领全球研究、开发与生产猪人工授精领域高端仪器、设备，几十年来在全球一直处于引领地位。

【平台创新理念】上海卡苏生物科技有限公司创新理念是让猪人工授精操作更加精准、卫生指标更加安全、精液质量更加上层、母猪受胎率进一步提高。

【平台影响力】上海卡苏生物科技有限公司是主营人工授精、胚胎移植、卡苏输精枪、卡苏输精枪外套管、卡苏解冻杯、母牛发情检测贴、兽用长手套、采精手套、防护服、卡苏细管、细管剪刀、密度仪、CASA 精液分析系统、单头精液灌装机、MCA 自动计数包装机、四头精液灌装机、灌装封口打印一体机、冷冻仪、MCM 手动技术包装机、精液稀释液等产品专业生产加工的公司，拥有完整、科学的质量管理体系。卡苏的产品早在 1985 年就通过经销商进入中国，公司以诚信、实力和产品质量获得业界认可，卡苏品牌也在中国畜牧业深入人心。

【平台实力】上海卡苏生物科技有限公司拥有国内知识产权 14 项，网站备案 10 项。公司坚持把法国卡苏先进技术和专利在中国本土化生产，更加适合中国市场，同时大大降低生产成本。

三、深圳鸿远微思电子有限公司精密仪器创新平台

【平台概述】深圳市鸿远微思电子有限公司从事 LED 产品销售、照明产品销售、光电产品销售等业务的公司，主要产品有 LED 产品、照明产品、光电产品、电子产品的技术开发。

【平台创新点】深圳市鸿远微思电子有限公司专注于研究光学理论应用于生产实践，不断发明专利，不断应用市场研发，不断应用于养猪生产。

【平台创新理念】深圳市鸿远微思电子有限公司是一家注重细节的公司，品质是公司的旗帜，服务是公司的热情。鸿远微思让每一个客户放心、安心、省心。

【平台影响力】深圳市鸿远微思电子有限公司具备强大的硬件与软件研发实力，团队的技术和管理核心人员，均有数十年以上的行业从业经验，致力于产品的创新和照明控制系统的研发，紧密结合产品创新与客户体验。公司配备雄厚的光电生产设备和人才力量，生产过程和品质控制环环相扣。

【平台实力】深圳市鸿远微思电子有限公司的业务团队拥有着坚实的专业知识和洞悉市场需求的能力以及丰富的现场经验。结合客户的具体要求和实际条件，定制适合于每一个客户的灯光照明方案。拥有创新能力的研发团队，坚实有力的生产团队，高校专业的业务团队和服务化的安装团队，让养殖更简单，让投资有效益，让客户有信心。获得 68 项知识产权授权，其中，一种保温灯灯座、一种数字调光 LED 灯驱动电路、一种 LED 灯恒功率电路、一种新型换色调光 LED 灯控制电路、一种畜牧养殖用 LED 灯、一种畜牧饲养用防潮型 LED 灯、一种畜牧生产用 LED 灯、LED 灯管（即插即用）、保温灯罩、LED 灯泡（透镜款）等专利授权 33 项。

四、菲默生物科技（上海）有限公司精密仪器创新平台

【平台概述】菲默生物科技（上海）有限公司集产品研发、生产和销售服务于一体的现代化企业。拥有完善的自主研发体系，致力于持续改善动物繁育的技术创新、高效生产解决方案，使动物遗传改良流程方案简单化。公司业务涵盖了猪人工授精的全品类耗材产品、猪精液生产全流程自动化设备，以及公猪站生产溯源的数字化管理系统，为客户提供人工授精一站式全流程解决方案。

【平台创新点】菲默生物科技（上海）有限公司致力于猪人工授精高端仪器设备国产化创新，坚定走引进、消化、吸收与再创新之路。

【平台创新理念】菲默生物科技（上海）有限公司坚持高标准同时努力改进，使操作更加简单化、计量指标更好，仪器设备精准度与灵敏度更高。

【平台影响力】菲默生物科技（上海）有限公司在猪人工授精领域影响力很大，主要表现为：猪人工授精仪器与设备质量稳定、精确度高、可靠性强、操作简单、成本低、便于维护。

【平台实力】菲默生物科技（上海）有限公司研发团队年轻，具有较强开

发实力，注重于细节，注重于养猪生产实践，注重于降低成本，注重于使操作变得简单、好用。

五、世博（青岛）畜牧设备有限公司精密仪器创新平台

【平台概述】世博（青岛）畜牧设备有限公司是由第一根输精管开始，跨入了猪繁育技术领域。18年来公司坚持自主研发、创新，从单一的授精系列产品到智能繁育全系列设备，产品销售到世界40多个国家，成为这个领域主要供货商之一。

【平台创新点】世博（青岛）畜牧设备有限公司不断完善产品线，由一根输精管的供应到整个产业的无缝衔接，高效服务养猪业。

【平台创新理念】世博（青岛）畜牧设备有限公司创新理念是在智能化、物联网、信息化设备上持续开发，以满足动物繁育产业链更高的要求。用户第一，创造价值，是公司永恒的追求。

【平台影响力】世博（青岛）畜牧设备有限公司始于2002年，2013年荣获国内自动化养猪仪器设备前三强，2014年荣获国内信得过的畜牧设备仪器前三强，2014年在全国猪人工授精技术研讨会被评为最具影响力企业（AI服务企业），2015年荣获国内猪人工授精器械设备前三强，2016年荣获维科杯科技智能畜牧设备品牌前十强。

【平台实力】世博（青岛）畜牧设备有限公司目前拥有2项发明专利，10项实用性专利，所有设备由自己的研发团队研发。国内第一台全自动精液灌装机、第一台精液稀释专用制水系统、第一台获得国家专利的半自动精液灌装机等均由公司研发。多项产品拥有自主知识产权，填补了国内市场空白，满足了公猪站快速生产安全高品质精液的需求。其中，关键设备在国内市场占有率位居第一。获得知识产权2项，以及种猪自动采精仿真假母台装置、一种新型自动切割的猪精液灌装机等专利3项。

六、江苏乐聚医疗科技有限公司精密仪器创新平台

【平台概述】江苏乐聚医药科技有限公司是一家以"无针给药技术"为核心，专注人用及兽用无针注射器研发、生产及销售为一体的医疗器械企业。公司拥有全球首创超低压驱动核心技术，坚持技术持续创新和改进，为无针注射器的规模化、标准化、现代化的生产提供更好服务。

【平台创新点】江苏乐聚医药科技有限公司创新点是按照人类医学级别生产动物医疗产品，核心技术为"无针给药技术"。这是一个国内兽医器械行业集中攻破的难题。

【平台创新理念】江苏乐聚医药科技有限公司致力于开发沃德牧品牌系列产品，是由中德联合研发制造，致力于无针技术的各种行业推广应用，突破传统针扎注射方式，提升注射体验感，为产业免疫降本提效带来行业科技变革。

【平台影响力】江苏乐聚医药科技有限公司从动物福利、提高生产效率出发开发"无针给药技术"，这是对动物的保护，极大提高了生产效率，使养殖户从繁重体力劳动中走出来，为生猪产业作出了巨大贡献，受到行业青睐。

【平台实力】江苏乐聚医药科技有限公司获得知识产权 20 项，刺破装置、无针注射器专利技术 2 项。

七、北京倍特双科技发展有限公司精密仪器创新平台

【平台概述】北京倍特双科技发展有限公司专业从事畜牧业产品，以动物发情排卵测定仪、电刺激采精器、牧场电围栏为主要核心产品，集研发、生产、销售于一体的专业厂家。

【平台创新点】北京倍特双科技发展有限公司动物电刺激采精器在国内具有独特的产品优势，并在大学、研究机构、大型养殖场得到了应用，涉及动物包括牛、熊猫、羊、鹿、兔、鸡、豚鼠、大小鼠、猴、犬等。

【平台创新理念】北京倍特双科技发展有限公司从研发到生产到销售全部贯通，能够很好地服务客户。公司开发的产品多样，能够满足不同客户所需，服务涉及动物人工输精器械和耗材的研发生产，包括动物精液采集、短期运输、冷冻精液保存等全方面服务。通过研发精密仪器，在输精技术方面对行业做出很大贡献。

【平台影响力】北京倍特双科技发展有限公司针对各类动物的全自动发情排卵测定仪在国内已经建立了良好的市场信誉，使用效果受到了广大客户的好评。

【平台实力】北京倍特双科技发展有限公司获得知识产权 76 项，其中，兽用电子可视输精枪、输精管（动物用）、便携式荧光检测仪、兽用电子可视人工输精装置、动物发情鉴定仪、奶牛乳腺炎检测装置、动物发情鉴定仪专利 7 项。

八、武汉天楚生物科技有限公司精密仪器创新平台

【平台概述】武汉天楚生物科技有限公司作为宁波三生动物高效繁殖管理战略体系下专注动物人工授精领域，致力于优质动物基因传递的专业化公司，始终秉承积极进取、锐意创新的精神，以为现代化生猪养殖提供优质高

效的产品为己任。天楚科技在原有 GeneBio 吉因宝品牌的基础上，积极整合行业资源，开拓高标准商品化公猪站，借力 CAPSULE 高安全性人工授精方案、批次化生产技术等，为客户猪场打造繁殖闭环，助力中国畜牧业健康快速发展。

【平台创新点】武汉天楚生物科技有限公司根据动物仿生学原理，创造性研发了母猪输精管中精品"快配舒"。快配舒产品把猪精液和输精管作为一个整体，这样避免精液受到外部污染；技术按照仿生学"公猪射精"原理，在母猪输精中享受自然受精的动物福利，促进母猪排卵，增加受孕机会。

【平台创新理念】武汉天楚生物科技有限公司始终坚持以安全有效与动物福利相结合的理念，通过公猪精液与母猪输精一体化设计，达到输精安全有效的目的；通过输精过程脉动效果，让母猪输精更加顺畅，排卵更加顺利，受孕成功率更高。

【平台影响力】武汉天楚生物科技有限公司开发的输精仪器给母猪人工授精带来了巨大好处，养猪头部企业纷纷订货，带来了良好的经济效益和社会效益。

【平台实力】武汉天楚生物科技有限公司不仅开发了快配舒产品，还开发了大量猪人工授精所需的精密仪器和装置，为中国猪人工事业发展作出了贡献。获得知识产权 97 项，其中，一种酸性干粉消毒剂及其制备方法与应用、公猪自动采精台、采精台、灌装机、自动输精管、手动灌装机、一种酸性干粉消毒剂及其制备方法与应用、灌装机、灌装机（CP300）等专利技术24 项。

九、杭州朗基科学仪器有限公司精密仪器创新平台

【平台概述】杭州朗基科学仪器有限公司专业从事高端生命科学仪器的研发、制造、销售及服务的高科技企业。超过 20 年研发和制造历史以及全系列的产品线都证明了朗基科仪是中国 PCR 仪制造行业的领跑者，也是国内高端精品 PCR 仪的倡导者。

【平台创新点】杭州朗基科学仪器有限公司开发高端荧光定量 PCR 系统、精品 PCR 仪、凝胶成像系统以及干式恒温器、迷你离心机等其他辅助产品。

【平台创新理念】杭州朗基科学仪器有限公司始终坚持精品 PCR 仪，追求完美，引领卓越的目标，坚持诚信与质量保障。

【平台影响力】杭州朗基科学仪器有限公司朗基科仪经过近 20 年的不断创新和积累，已成为目前国内市场上有价值的 PCR 仪品牌，著名客户有美国Johns Hopkins University、北京大学、清华大学、浙江大学、南京大学等国内

外权威科研机构。

【平台实力】杭州朗基科学仪器有限公司目前共拥有 15 项国家专利，其中包括 3 项发明专利，以及 ISO9001、CE 和 CFDA（中国医疗器械生产许可证和医疗器械注册证）认证。还包括：朗基 96 孔实时荧光定量 PCR 仪控制软件、朗基优选 QPCR 设计分析软件、朗基 48 孔实时荧光定量 PCR 仪控制软件、朗基雅劲 PCR 仪控制软件、朗基天玑 PCR 仪控制软件、朗基 16 孔实时荧光定量 PCR 仪控制软件、朗基云服务软件等软件著作权。

十、深圳市驭景科技有限公司精密仪器创新平台

【平台概述】深圳市驭景科技有限公司是一家专业从事 RFID 射频识别技术及产品的研发、生产与销售的高科技公司，是比较早从事畜牧智能产品并提供相应解决方案的企业。公司的主要产品应用在畜牧业管理、宠物管理、渔林业管理、动物身份识别以及门禁、停车场、一卡通等行业及领域。

【平台创新点】深圳市驭景科技有限公司提供各式电子耳标阅读器、RFID 电子标签、植入式电子芯片、动物通道式读卡器、玻璃管芯片、智能卡、动物读卡器感应模块（FDX，FDX HDX）以及各种物联网应用中的智能中间件。而在系统集成方面，公司可以为客户在动物、畜牧业信息化、食品安全和溯源等应用领域提供完善的解决方案。

【平台创新理念】深圳市驭景科技有限公司用数字化改变畜牧业现状，用信息化提升畜牧业管理水平，以传感器为突破口，把智能化引入畜牧业生产。

【平台影响力】深圳市驭景科技有限公司是行业知名数字化、智能化制造企业，在行业内家喻户晓，知名度和美誉度很高。经过 10 多年的市场开拓，驭景公司与同行以及全国各地合作社、养殖设备生产商、科研机构、畜牧协会建立了紧密的合作关系，成为 RFID 畜牧信息化综合管理平台方案解决商。

【平台实力】深圳市驭景科技有限公司获得知识产权 9 项，其中，宠物身份芯片扫描仪、动物芯片扫描仪、宠物身份 ID 扫描仪、动物电子标签注射器、动物芯片读卡器、低频动物标签扫描仪、宠物芯片扫描仪等专利授权 7 项。这些专利技术支撑着新产品开发与上市。

十一、深圳市盛诺维科技有限公司精密仪器创新平台

【平台概述】深圳市盛诺维科技有限公司具有研发专业医用和兽用超声及其他医用电子产品的专业高科技企业。它依托绵阳的生产基地，充分利用绵阳科技城的技术和人力资源，致力于开发用户所关注、市场所热销、企业有利润的好项目和好产品，所开发和经营的医用和兽用超声产品，起点高、跨

领域、重实用，以精致、体贴、稳定、可靠赢得中外客户的广泛认可。

【平台创新点】深圳市盛诺维科技有限公司以人医B超及电子产品为基础，高标准开发兽用B超及电子产品，由此做到仪器设备精度高、操作简便、数字化能力强，远远超出国外同类产品。

【平台创新理念】深圳市盛诺维科技有限公司创新理念是研发、制造标准定位在人医、操作工艺定位在兽用；产品稳定定位在国际标准、产品质量立足行业第一。

【平台影响力】深圳市盛诺维科技有限公司SONO V5是盛诺维自主研发、生产和经营的全球首创RFID智能兽用超声诊断仪，通过产品在欧洲、亚洲和美洲的试用，获得全球专业用户的青睐，必将成为兽用超声二代产品的引领者。

【平台实力】深圳市盛诺维科技有限公司获得13项知识产权，其中，一种射频识别智能探头、一种兽用智能超声波诊断管理系统、一种射频识别兽用超声仪系统3项专利技术；盛诺维智能超声波诊断管理系统、盛诺维智能探头识别系统、盛诺维智能超声仪系统3项软件著作权。这些专利技术和软著支持深圳市盛诺维科技有限公司实现自主创新，开发一代又一代新产品。

十二、郑州博祥来电子科技有限公司精密仪器创新平台

【平台概述】郑州博祥来电子科技有限公司集兽用B超、动物B超、猪牛羊用B超、宠物B超等的研发、生产、销售、培训于一体的企业。

【平台创新点】郑州博祥来电子科技有限公司研究不同动物生理特点和行为特点，研究系列动物专用B超，把B超做到极致。

【平台创新理念】郑州博祥来电子科技有限公司秉承"诚信为本，市场为导，准确定位，共谋发展"的企业理念，坚持以客户满意作为公司产品和服务的标准，在管理上以人为本，唯才是用，努力实现高质量、精细化、系统化的标准管理，实现科学化、人性化的管理。诚信乃为立身之本、处世之根，公司坚持以诚信立足、诚信经营，在市场中树立良好的企业形象。

【平台影响力】郑州博祥来电子科技有限公司是动物B超领衔企业，为精准判断动物孕情、生理状况、测定肌肉面积等性能测定需要作出行业贡献。

【平台实力】郑州博祥来电子科技有限公司获得36项知识产权，其中，一种具有3D图像显示功能的B超机视频眼镜、一种B超机用视频眼镜、一种兽用B超机、一种兽用B超机及其遮阳罩、视频眼镜、一种背膘自动测量大角度显像兽用B超机的测量方法等专利8项；博祥来脂肪检测（IMF）系统软件著作权1项。这些科研成果支持郑州博祥来电子科技有限公司开展科

技攻关、开发新产品。

十三、苏州雅睿生物技术股份有限公司精密仪器创新平台

【平台概述】苏州雅睿生物技术股份有限公司以分子诊断及基因检测技术为核心的高新技术企业。历经多年研发，在"自动化控制、图像处理、光学检测、镜检、液路、电子应用和软件"做出了成绩。

【平台创新点】苏州雅睿生物技术股份有限公司立足国内，放眼全球，自主研发多项技术，服务整个动物疫病诊断与检测领域，提升动物疫情诊断的效率和准确度。

【平台创新理念】苏州雅睿生物技术股份有限公司秉承"专注、创新和用户体验"的企业精神，雅睿产品全心服务于全球市场。

【平台影响力】苏州雅睿生物技术股份有限公司形成了自主研发技术的积累，拥有国内外专利 40 余项和软件著作权约 20 项；自主研发了国际领先的"基因检测技术平台""全自动液路提取技术平台"和"全自动微生物检测技术平台"，在此技术平台上，形成了"荧光定量 PCR 检测系统、等温荧光定量 PCR 扩增检测仪、便携式荧光定量 PCR 检测系统""核酸提取加样系统"和"核酸快速诊断系统"的产品组合。

【平台实力】苏州雅睿生物技术股份有限公司获得知识产权 75 项，其中，一种核酸检测用 POCT 装置、一种核酸释放剂以及试剂盒、一种行程可调的保温电动热盖及荧光定量 PCR 仪、分体式试剂盒、一种多通道分体式试剂盒、核酸检测装置、检测方法、一种恒温层析核酸检测装置及检测方法、一种 POCT 装置等专利 51 项；MA-9600P 实时荧光定量 PCR 仪控制系统、全自动核酸提取纯化及实时荧光 PCR 分析系统、MW-800B 全自动核酸提取纯化及实时荧光定量 PCR 分析软件、MA-6000 实时荧光定量 PCR 仪软件、MA-9600P 实时荧光定量 PCR 仪分析软件、MA-9600P 实时荧光定量 PCR 仪分析系统、MA-3200 实时荧光定量 PCR 仪分析软件、MA-688P 实时荧光定量 PCR 仪分析软件 8 项软件著作权。这些科技成果支持苏州雅睿生物技术股份有限公司开展自主创新。

十四、诸城市中裕机电设备有限公司精密仪器创新平台

【平台概述】诸城市中裕机电设备有限公司集养殖工艺设计、产品研发、生产制造、工程安装及售后服务于一体的系统工程服务商。公司先后通过 ISO9001 质量管理体系认证、知识产权管理体系认证、欧洲 CE 认证，安装资质认证、进出口报关资质等 40 余项国际认证。中裕是中国畜牧业协会畜牧工

程分会常务理事单位，齐鲁股权交易中心挂牌上市企业，中欧农牧装备营销基地。

【平台创新点】诸城市中裕机电设备有限公司以智能化饲喂技术应用，特别是精准饲喂技术研发，尽量把误差降到最小。

【平台创新理念】诸城市中裕机电设备有限公司产品业务涵盖智能养殖装备、农牧环保装备、畜禽专用车、NEF节能鸡舍四大业务板块。业务领域贯通了畜牧业前端输送、中端养殖及后端处理，形成了养殖设备全价值链技术体系。

【平台影响力】诸城市中裕机电设备有限公司是高新技术企业，科技型中小企业、"专特精新"中小企业，潍坊市"隐形冠军"，拥有自主专利100余项，与中国科学院、中国农业科学院、中国农业大学、北京航天航空大学、上海交通大学、青岛理工大学、齐鲁工业大学、山东畜牧兽医职业学院等建立了科研、校企合作关系，拥有自己的技术研究院、市级重点畜牧研究中心、微生物培育中心、设备研究实验室。

【平台实力】诸城市中裕机电设备有限公司知识产权186项，其中，一种智能驱赶畜禽运动装置、一种畜禽养殖用无抗发酵饲料的发酵装置、一种颗粒饲料筛选装置、喂料盘（一）、一种畜牧养殖用智能投料装置、喂料盘（二）、一种畜牧饲料筛分装置、一种自走定量投料系统等专利130项。公司依靠这些支撑新产品开发和试验。

十五、江苏采纳医疗科技有限公司精密仪器创新平台

【平台概述】江苏采纳医疗科技有限公司经营精密医疗器械（兽用普通注射器、针头、一次性注射器）、猪人工授精器械、耗材的专业公司。开展技术服务、技术开发、技术咨询、技术交流、技术转让、技术推广；第一类医疗器械生产；第一类医疗器械销售；第二类医疗器械销售；卫生用品和一次性使用医疗用品销售；劳动保护用品生产；劳动保护用品销售；特种劳动防护用品生产；特种劳动防护用品销售；消毒剂销售（不含危险化学品）。

【平台创新点】一是注重动物福利与健康，生产减少动物痛苦的注射器，特别是一次性注射器的研发，大大降低了劳动强度，安全有效地治疗动物疾病；二是研究猪人工输精及耗材，特别强调卫生、安全与可靠。

【平台创新理念】江苏采纳医疗科技有限公司本着健康与保健的动物福利理念，所生产猪人工输精器材和耗材也是本着卫生第一、安全可靠的原则。

【平台影响力】江苏采纳医疗科技有限公司以人医标准生产动物产品，要求高、生产工艺严格、有序，全部在无菌条件下生产，是国内少有的兽用医

疗器械厂家。

【平台实力】江苏采纳医疗科技有限公司开展技术服务、技术开发、技术咨询、技术交流、技术转让、技术推广；第一类医疗器械生产；第一类医疗器械销售；第二类医疗器械销售；卫生用品和一次性使用医疗用品销售；劳动保护用品生产；劳动保护用品销售；特种劳动防护用品生产；特种劳动防护用品销售；消毒剂销售（不含危险化学品）。共获得知识产权 75 项，其中，一次性使用安全留置针、安全胰岛素笔针、防回血留置针、安全胰岛素笔针、"Y"形留置针、一种胰岛素专用定量注射器、一种营养注射器盖帽、一种注射器针头加工用的清洗装置、一种采血针加工用裁切装置、一种肠内营养注射器等专利 72 项，营养接口注射器生产控制系统著作权 1 项。

第九章　机器人创新平台

从国外经验看，从事养猪生产年龄结构和知识结构发生了根本变化，现在中国猪场也是劳动力短缺，很多大企业期待机器人代替手工劳动，实现产品的一致性和标准化。

一、合肥拉塞特机器人科技有限公司机器人创新平台

【平台概述】合肥拉塞特机器人科技有限公司专注于数智化养殖研发、生产及销售为一体的高新技术公司，是一家拉塞特机器人智慧养殖解决方案供应商。

【平台创新点】合肥拉塞特机器人科技有限公司在于科学计算，精准定位机器人抓举能力和准确性，让猪场实现机械化、自动化和智能化。

【平台创新理念】合肥拉塞特机器人科技有限公司为实现人工智能在养殖行业应用的真正落地，利用边缘计算、机器学习、物联网、大数据等技术与养殖行业痛点深度融合，让猪场实现生态化、自动化、智能化，将人对猪的影响降到最低，完美解决"防疫""降本""提效"等问题。

【平台影响力】合肥拉塞特机器人科技有限公司拥有自有的组装测试线和交付实施团队确保交付质量；现拥有员工近百人，均来自联想、华为、讯飞、海康等软硬件企业及知名养殖行业。致力于做对养殖行业真正有价值的事情，成为畜牧业最值得信赖的朋友，截至目前在智慧养殖场景已经形成具有行业竞争力的解决方案。已成功实现在温氏、天邦、德康、安佑、首农等头部企业的落地应用。

【平台实力】合肥拉塞特机器人科技有限公司具有知识产权 73 项，其中，一种监控猪只起卧、喝水次数的饲喂器、可移动的猪栏模组、一种含触碰下料及自动下水的高精度饲喂系统、一种无外动力的自动升降轨、一种轨道视觉机器人镜头自动清洁装置、一种轨道机器人自动清洁装置、饲喂器、一种基于 BLEMesh 网络的精准饲喂器控制系统、一种基于机器视觉分析技术的母猪智能化饲喂系统、轨道巡检机器人等专利 25 项。

二、北京小龙潜行科技有限公司机器人创新平台

【平台概述】北京小龙潜行科技有限公司成立于 2018 年 3 月，是生猪智能养殖一线生产数据实时、精准采集及分析的专业服务商，是国家高新技术企业，北京市专精特新中小企业。在人工智能、机器学习、图像及视频识别、声音识别、智能终端、云服务等方面为畜牧养殖企业提供具有竞争力、安全可靠的产品、解决方案与服务。

【平台创新点】北京小龙潜行科技有限公司秉承"每一块肉因我们而安全、美味、价优"的美好愿景，坚守"正直、信任、开放"的价值观，全力以赴"科技改变畜牧业"的使命。公司将持续围绕农牧领域攻关科研创新，与客户、合作伙伴形成健康良性的产业生态系统，共同扩大产业价值、推动数字化农业的转型发展。

【平台创新理念】北京小龙潜行科技有限公司倡导"非接触、零应激"式的 AI 养猪模式，通过 AI 技术实现养殖一线生产数据实时采集与智能分析决策，基于图像视频技术实现的测重、测膘、生物资产盘点等功能模块，监测猪只关键指标，实现猪场精准营养、精准饲喂的生产目标，大幅度提升猪场管理水平及经济效益，降低人力成本、减少生物资产的安全风险。同时，智能养殖系统也将为饲料、动保、屠宰加工、物流、销售等产业链各个环节及金融、保险、政府职能部门提供高质量的数据支撑，促进产业链协调发展。

【平台影响力】北京小龙潜行科技有限公司公司为包括中国正大、温氏、广垦、天兆猪业、唐人神、禾丰等在内的多家养殖龙头企业猪场智能化升级，包括为默沙东、帝斯曼、PIC 等产业供应链企业的客户价值可视，提供了完整的、可落地的解决方案。

【平台实力】北京小龙潜行科技有限公司在智能养殖领域的创新科研成果获得了国家相关部门的肯定与认可，获得 100 余项授权专利、软件著作权、商标等知识产权。分别在哈尔滨、成都设有研发中心，研发团队超过 80 人，技术服务团队超过 50 人。获得"知识产权贯标体系""北京市知识产权试点单位"认证，"猪场轨道巡视机器人"获得 2020 年北京市新技术新产品（服务）认定证书，并被推介为 2021 数字农业农村新技术新产品新模式优秀项目；"智能花洒"与"智牧云瞳智能生物安全监控系统"均获得 2021 年北京新技术新产品（服务）认定证书；作为中国畜牧业协会智能畜牧分会及信息分会的副会长单位，牵头制定 6 项智能畜牧行业的团体标准；"CF 智能养殖解决方案"入选中国畜牧业信息化"种子工程"方案库，入选《智能畜牧产业图谱》，并获得"智能畜牧科技创新"奖；是英特尔 AI 百佳创新激励计划优秀

团队；获得"香港科大商学院——黑瞳科技"2020【人工智能】百万奖金国际创业大赛季军，"香港科大——越秀集团"2020百万奖金（国际）创业大赛全国总决赛20强；作为华为智慧农业领域ISV战略合作伙伴，联合发布智能畜牧联合解决方案。

三、成都小巨人畜牧设备有限公司机器人创新平台

【平台概述】成都小巨人畜牧设备有限公司是集研发、设计、生产、销售、服务于一体的畜牧养殖设备专业系统解决方案供应商。

【平台创新点】成都小巨人畜牧设备有限公司以打造世界级饲喂机械行业、工程服务行业优秀企业为使命，锐意开拓创新，不断提升客户的满意度。

【平台创新理念】成都小巨人畜牧设备有限公司核心价值观以创造价值为根本；服务专业、系统、安全、快捷。一直秉承四心服务即"产品用心、畜禽舒心、饲养顺心、投资开心"的产品理念；以"简单化、标准化、系统化"作为管理理念；提供项目投资规划、生物安全规划、系统配套规划的投资咨询服务；场区选址、系统建设、生产指导系统集成方案的项目落地服务；致力于建立自动化、现代化、集约化的养殖新模式。

【平台影响力】成都小巨人畜牧设备有限公司销售及售后服务网络遍布全国各地，在西南地区的牧业设备占有率达80%以上，公司与中国正大集团、四川省农业科学院、成都市畜牧局及各地方畜牧局建立了长期的战略合作关系，并以点带面辐射到各地商品鸡场、商品猪场，以及各类型的养殖场。

【平台实力】成都小巨人畜牧设备有限公司获得知识产权98项，包括：采食限位网、一种种鸡按笼位精准定量饲喂回收系统、一种下粪带支撑件、一种钢丝线收紧器、一种养殖用低成本激光鸡蛋计数系统、一种清粪带挡板结构、链环转弯中央集蛋线、一种平料器、精准喂料料斗、一种蛋鸡福利散养笼架装置等专利68项；LG407智能牧场环境控制器软件、LG416智能牧场环境控制器软件、LG515喂料控制器软件、LG800智能牧场环境控制器软件、LG309智能报警器软件、LG365水线冲洗软件、LG308智能报警器软件、智慧溯源Web应用系统、智能牧场Web应用系统、智能牧场移动应用App等软件著作权11项。

第十章　洗消智能化创新平台

非洲猪瘟以来，人们更加注重生物安全防控，洗消成为生物安全的核心工作。为了使洗消工作标准化，必须大力发展智能化洗消，确保洗消质量与效果。

一、因而克智能科技（浙江）有限公司洗消智能化创新平台

【平台概述】因而克智能科技（浙江）有限公司是一家中央智能高压水清洗系统推入工业清洗领域知名企业。

【平台创新点】因而克智能科技（浙江）有限公司不断研究洗消模式与方法，不断研究病毒与细菌，与病毒、细菌进行博弈攻关，开发一代又一代的创新产品。

【平台创新理念】因而克智能科技（浙江）有限公司采用智能化完成整个消毒、清洗过程，降低劳动强度，实施标准化洗消。

【平台影响力】因而克智能科技（浙江）有限公司先后获得浙江省科技型企业、因而克清洗机市级高新技术企业研究开发中心、台州市上市后备库企业等荣誉，设立业内第一个"恒温恒湿精加工中心""不锈钢精加工切割中心""不锈钢折弯加工中心"等，因而克公司一直致力于开拓高压水射流领域高端智能化的研发生产与实际场景的应用。

【平台实力】因而克智能科技（浙江）有限公司 2006 年至今持续深入研发生产，产品线压力段从 100～2 000 bar 不等，成为国内屈指可数的能够自主生产制造将产品压力达到 2 000 bar 的生产型企业。获得知识产权 28 项，其中，一种高压泵泵头及其柱塞结构、高效喷砂除锈设备用喷砂罐、高效喷砂除锈设备、智能清洗机、清洗机顶盖、自动清洗机器人及其转臂机、一种自动清洗机器人及其伸缩臂机构、全方位自动清洗机器人、清洗机机壳等专利26 项授权。

二、青岛美联清洗设备有限公司洗消智能化创新平台

【平台概述】青岛美联清洗设备有限公司集研发、生产、销售及服务于一

体的清洗设备制造企业。公司将养殖场、食品厂等环境与国际先进清洗技术产品相结合，研发生产出集中式高压清洗系统、车辆洗消中心、车厢内部自动清洗设备、自动底盘清洗设备、COP 清洗系统、泡沫清洗消毒设备、聚酯施肥罐车、软管施肥器、固液分离机、潜水搅拌器、潜水切割泵等多种产品；通过了 3A 级信用企业认证、CE 认证、两化融合管理体系认证、ISO9001 质量管理体系认证、ISO14001 环境管理体系认证及 ISO45001 职业健康安全管理体系认证，是高新技术企业、专精特新企业、中国工业清洗协会理事单位、中国畜牧业协会畜牧工程分会理事单位。

【平台创新点】青岛美联清洗设备有限公司利用高新技术，在消毒方面不留死角。一是泡沫技术；二是红外线技术；三是潜水搅拌技术。

【平台创新理念】青岛美联清洗设备有限公司在传统移动式洗消的基础上研发出了集中式高压清洗系统，该系统具有智能化水平高的特性，区别于传统洗消，使洗消更加便捷与高效，同时提高了洗消过程中的安全保护措施。

【平台影响力】青岛美联清洗设备有限公司本着"为客户创造价值"的理念，与牧原集团、新希望集团、温氏集团、正大集团、双汇集团、正邦集团、双胞胎集团、越秀集团、天邦集团、中粮集团、天康生物、金锣集团、海大集团、华西希望、大象集团、谷瑞、佳和农牧、扬翔集团等知名企业开展业务合作，历经多年发展，最终成长为清洗行业的资深企业。

【平台实力】青岛美联清洗设备有限公司前身于 2008 年同德国清洗行业代表 SUTTNER 公司开展合作，分享彼此产品技术与生产经验；设备核心部件依据国家标准选用意大利 Interpump、瑞士 ABB、德国西门子等国际知名品牌。在清洗领域中，美联的产品以质量安全可靠、设计科学合理、产品品种齐全、智能高效的特点广受业界人士好评。获得知识产权授权 66 项，其中，一种猪舍清洗机器人、移动高压清洗机、一种用于车厢清洗伸缩臂的输送管线、一种大流量高扬程的泵车、一种往复式车辆底盘自动清洗设备、一种转速可控的无接触自动洗车机、一种可变向清洗装置、联动旋转清洗机构、一种车厢内部自动清洗设备、一种高压流体三路切换装置等专利技术 49 项。

三、宁波米氧智能科技有限公司洗消智能化创新平台

【平台概述】宁波米氧智能科技有限公司专业从事活氧水消毒设备研发、制造、销售的现代化高科技企业。2021 年宁波市甬江引才工程入选企业，获得 840 万元的政府资助，同时已与宁波市政府设立的天使投资引导基金达成合作。

【平台创新点】活氧水消毒是一个复杂过程，宁波米氧智能科技有限公司

根据其分子特点，深入研究消毒机理，创造性成功地完成了消毒使命。

【平台创新理念】宁波米氧智能科技有限公司按照分子结构和对环境破坏的理念，深入研究消杀机理，成功达到预计效果，在行业内很受欢迎。

【平台影响力】宁波米氧智能科技有限公司目前拥有包括陕西省省级尖端人才在内的技术专家高级顾问，亦与中国科学院宁波材料技术与工程研究所合作，联合开发了具有独立知识产权的活氧水消毒杀菌设备，产品可用于日常生活场所、公共场所的消杀，能衍生出十几种消杀产品，形成活氧水消杀产业集群。

【平台实力】宁波米氧智能科技有限公司科技人员在研究其机理和消毒理论的同时发现了大量方法和工具，获得知识产权 12 项，其中，一种消毒水龙头、一种水处理杀菌装置、一种臭氧发生器、一种消毒洗衣机机筒、一种臭氧消毒洗衣机专利技术 5 项。

四、青岛法牧机械有限公司洗消智能化创新平台

【平台概述】青岛法牧机械有限公司是一家专业从事产品研发、工程设计、生产销售、售后安装的企业，主要产品包括环控系统、废气处理系统、饲喂系统、猪栏系统、饮水系统等全套自动化养猪设备。

【平台创新点】青岛法牧机械有限公司的创新点是智能化代替人工，促进操作过程标准化，不夹杂人的因素。

【平台创新理念】青岛法牧机械有限公司以"为客户提供最佳养殖设备方案"为企业使命，重视每一位客户，并始终为客户提供优质的产品和细致专业的服务。

【平台影响力】青岛法牧机械有限公司拥有专业的团队和技术研发实力，以及完善的售后服务体系，立足于行业发展趋势，不断对新产品、新技术、新工艺研究开发，销售和售后服务网络遍布全国各地，为客户提供猪场一站式解决方案，提供可靠的产品供应保障。

【平台实力】青岛法牧机械有限公司获得知识产权 17 项，其中，一种料线粉料筛除装置、一种猪饲料生产用带有防雨罩的饲料输送线、一种养殖用自动化通风干燥装置、一种插入式称重料位传感器、一种猪圈卫生处理用清水冲洗装置、一种养猪环境粪便控制处理装置、一种养猪用自动给料装置的防堵塞出料口、一种楼宇用具有温湿调节功能的通风辅助装置、一种智能化养猪系统饲料投喂装置、一种出料稳定的生猪养殖用镀锌板料塔等专利技术 12 项。青岛法牧机械有限公司依靠这些技术实现自主创新。

五、深圳市飞立电器科技有限公司洗消智能化创新平台

【平台概述】深圳市飞立电器科技有限公司是一家集设计、研发、生产、销售于一体的高新技术企业。主要产品：家用系列消毒机、风管式臭氧消毒机、空间专用消毒机、养殖行业专用消毒机、氧气源臭氧消毒机、消毒柜及各类非标定制消毒产品。

【平台创新点】深圳市飞立电器科技有限公司是消毒领域专家，在消毒课题上是系统创新，针对不同对象使用不同消毒模式，最终杀灭病毒与细菌。

【平台创新理念】深圳市飞立电器科技有限公司展望未来，精诚努力，协同奋进，开拓进取，秉承"宁为价格作解释，不为品质找借口"的宗旨，坚持以"技术创新"和"卓越品质"打造企业核心竞争力。

【平台影响力】深圳市飞立电器科技有限公司注册商标"FEILI飞立"，公司拥有资深专业研发团队，企业通过广东省卫生和计生委现场审核并颁发"消毒产品生产卫生许可证"，产品经法定权威机构检测，室内空气自然菌消亡率达到90%以上，企业拥有技术专利30余项，荣获"国家高新技术企业"认定，且2018—2019年连续2年获得广东省守合同重信用企业称号。

【平台实力】深圳市飞立电器科技有限公司产品远销意大利、西班牙、德国、美国等20多个国家地区，代理商遍布全球。飞立品牌拥有天猫/京东双平台首个臭氧消毒产品类旗舰店，并创下连续6年国内臭氧消毒产品类TOP1商家。飞立以"让健康生活触手可及"为使命，致力于实现"打造消毒行业领航品牌"的愿景。获得知识产权授权76项，其中，冰箱除臭器、果蔬清洗器、低温等离子高效消毒机、一种接触式等离子消毒仪、臭氧消毒机（803SG）、一种片式臭氧发生单元结构、一种遥控板控制电路、一种智能板控制电路、臭氧消毒机（FL-B805N）等专利31项。

六、广州市中亿环境设备有限公司洗消智能化创新平台

【平台概述】广州市中亿环境设备有限公司是一家从事洗消烘干设备的研发、生产、销售以及进出口贸易一体化的高新技术综合型企业。为畜牧业提供完善的解决方案及高性价比的设备，如全自动高温烘干房及牧场车辆高温消毒中心，融合现代最佳工程设计技术，为现代化高效牧场提供高效稳定的烘干方案及完善的售后服务。产品实行全国联保，为客户提供专业、可靠、及时、优质的售前、售中、售后服务。

【平台创新点】广州市中亿环境设备有限公司的创新点是把冲洗、消毒后的车辆、建筑物、工具尽快烘干。因此，创新点要体现快、干燥彻底，还要

考虑被烘干的车辆等耐受温度的因素。烘干速度与温度逐步提升的比例问题成为核心技术。

【平台创新理念】非洲猪瘟以来，生猪生产单位对待生物安全格外重视，消毒、清洗成为日常工作，而且工作量很大。特别是洗消后如何迅速烘干十分重要，烘干过程是又一次消毒，烘干需要温度，温度对所要消毒的工具有破坏作用，广州市中亿环境设备有限公司的创新理念是要做好消毒，特别要保持被消毒物体能够长久、耐用。猪场和消毒公司控制不了被消毒、烘干物的温度耐受性，只能追求既要消杀干净、灭菌、灭病毒，又要保证被消毒物烘干后完好无损。

【平台影响力】广州市中亿环境设备有限公司设计精心、细致的消毒理论和操作给猪场留下了很深的印象，赢得市场的好评，与头部养殖企业建立了友好的联系，因地制宜设计消毒、烘干机械，根据病毒含量、细菌浓度和被消杀的材料，采取切实有效的消杀和烘干操作。更加关注散点烘干，防止死角出现。

【平台实力】广州市中亿环境设备有限公司在系统研究与开发过程大胆尝试，获得15项知识产权，其中一种环保不锈钢水槽、一种高压清洗主机、一种热水高压清洗机、一种新型出水堰板、一种车辆底盘清洗机、一种活性炭吸脱附催化燃烧设备、一种节能燃油热风机、一种农场喷雾消毒设备、一种用于农业清运的自动消毒设备、一种新型箱式整体烘干机等专利11项。这些专有技术支撑公司不断开发新产品，更好地服务于生猪产业。

七、青岛尚芳环境科技有限公司洗消智能化创新平台

【平台概述】青岛尚芳环境科技有限公司是畜牧行业雾化消毒最适宜方案设计者，科学地为畜禽养殖企业提供安全、有效的消毒，为防控病媒传播提供整合性解决方案。公司开发六大系列消毒产品：喷雾消毒、隔离消毒、清洁消毒、加湿消毒、喷雾免疫、虫害防治。全面涵盖了养殖过程中的消毒需求。

【平台创新点】青岛尚芳环境科技有限公司的创新点是根据不同需要消毒环境，开发不同的消毒产品，如紫外线消毒、喷雾消毒、水冲消毒、加湿消毒等，还要根据消毒物品确定消毒方式，因此开发了很多消毒模式、工具、消毒形式等。

【平台创新理念】青岛尚芳环境科技有限公司的创新理念是满足不同消毒环境、不同消毒面、不同病毒与细菌、不同人群和不同猪只群体。这就是追求个性化消毒服务的基本理念。

【平台影响力】青岛尚芳环境科技有限公司已在全球拥有 110 多家代理合作商，公司产品已畅销欧洲、北美、非洲、中东等地区。公司所从事的事业是新兴的朝阳产业，研发的多款专利产品填补了国家的空白，喷雾消毒、防疫免疫是食品安全必须措施，设备市场发展有非常广阔前景，公司与员工都处于良好的发展时机。公司有长远的发展规划和目标，尚芳愿与员工共成长，荣誉感、成就感、美好生活将是公司努力与付出的回报。

【平台实力】青岛尚芳环境科技有限公司获得知识产权 81 项，其中，蓄电超低容量喷雾器、静电喷雾物料消杀设备、蓄电池、一种洗消中心、消毒设备、一种电热驱蚊装置、一种多功能防疫车、电热驱蚊装置（蚊鼎）、包装盒（植物精油滚珠）、多功能防疫车等专利 34 项。这些技术专利支撑公司不断开展技术研发与新产品落地。

八、佛山馨园照明科技有限公司洗消智能化创新平台

【平台概述】佛山馨园照明科技有限公司成立于 2019 年，是由北京大学东莞光电研究院投资并持有股份的企业。公司核心技术体系主要依托北京大学宽禁带半导体研究中心和北京大学东莞光电研究院、北京大学高安光电研究院的研究成果，提供专业化 LED 灯具产品。

【平台创新点】佛山馨园照明科技有限公司平台创新点为针对现代化生猪养殖场对环境的要求，通过改善光环境，提高幸福指数、提高配怀栏母猪的发情率的方案，真正实现高效、经济、智慧、生态养殖。

【平台创新理念】佛山馨园照明科技有限公司平台新理念为通过光电研究，提供专业化 LED 灯具产品，主要产品是生物照明灯具，具有杀菌、灭毒功效。通过专业的产品在提高母猪发情率上做出贡献。

【平台影响力】佛山馨园照明科技有限公司平台影响力为可提供养殖场光波促生长方案设计、项目前期方案技术支持，可以为畜禽场工程灯具安装、调试、售后服务提供一体化的整体解决方案。

【平台实力】佛山馨园照明科技有限公司平台实力为公司在北京大学东莞光电研究院的技术支持和管理之下，拥有自己专业的研发团队，可以确保公司产品在 LED 相关行业的领先地位并带给客户专业的服务。

九、广州富森环保科技股份有限公司洗消智能化创新平台

【平台概述】广州富森环保科技股份有限公司是一家专注于研发、生产及销售畜牧养殖业洗消设备、工业环保清洗设备和提供成套定制清洗技术方案的高新技术企业。

富森环保于 2010 年通过 ISO9001 管理认证体系，于 2016 年成功登陆新三板挂牌上市；2017 年被认定为广东省超高压水射流清洗智能装备工程技术研究中心；2020 年在广东顺德成立生产研发创新基地。

【平台创新点】20 年来，富森始终专注于环保清洗技术的创新和应用领域研究，针对中国市场和客户需求定制清洗设备和解决方案，帮助客户解决一个又一个清洗难题，不断实践"用水创造价值"的产品理念。

【平台创新理念】广州富森环保科技股份有限公司的创新理念是以水的价值为核心，对水产生敬畏、对水要尊重、要节约用水，因此公司开发设备一是要节约用水；二是要把废弃水经过处理，再次利用。彻底改变水是取之不尽、用之不完的理念。

【平台影响力】广州富森环保科技股份有限公司在行业内有很好的知名度，坚持"为客户节约一吨水"的理念，特别是把废水回收利用。当然废水利用的成本一定要低于自来水，或者略高于国家供给的自来水。广州富森环保科技股份有限公司能够正确处理废水回收利用和使用新水的价值关系。

【平台实力】广州富森环保科技股份有限公司获得 68 项知识产权，其中专利高压柱塞泵、一种带有循环冷却系统的高压柱塞泵、一种流道收缩曲线设计方法、一种带有油槽的高压柱塞泵、一种密封组件以及具有密封组件的柱塞泵、高压清洗机、一种零件下表面旋转清洗装置、一种超高压柱塞泵液力端、一种板件清洗装置等专利。软件著作权 6 项，包括：富森驾驶式扫地车控制系统、富森垃圾清除机控制程序软件、富森清洗设备出厂检测系统、富森超高压清洗机控制程序软件、富森清扫设备垃圾液压处理系统、富森路面清污车控制系统。

十、河南全高农牧科技有限公司通风、温控技术创新平台

【平台概述】河南全高农牧科技有限公司是一家集研发、生产、销售、施工、技术咨询与服务于一体的高新技术企业。目前公司主要研发生产的有全高暖风、全高新风、全高新暖风等高温烘干系列；冷水高压清洗机、热水高压清洗机、集中高压清洗机等高压清洗系列；人员强制洗澡间、人员消毒通道、车辆消毒通道、物资烘干消毒、高温传递箱、舍内喷雾带畜（禽）消毒等生物安全系列产品。

【平台创新点】随着非洲猪瘟传入中国，给中国养猪业带来重创，造成了难以估量的损失。养猪业的生物安全防范等级必须提高，养猪业生物安全的消毒措施按 3 个区域（养殖场围墙以外、围墙与养殖舍之间、养殖舍内）重新评估，提高生物安全的等级。为此，河南全高农牧科技有限公司投入大量

精力开发高温消毒设备，反复试验病毒与细菌的温度致死量，确定温控、消毒设备临界值。

【平台创新理念】河南全高农牧科技有限公司的创新理念就是深入研究消灭病毒，为养殖企业服务，为生猪产业保驾护航。

【平台影响力】根据非洲猪瘟的扩散速度和广度来看，饲料厂和猪只转运是两个关键的控制点。所有运猪车辆交叉感染后又返回到不同的养猪场；所有的运饲料车辆汇集到饲料厂交叉感染后又返回到不同的养猪场。

为此所有的运输车辆在原来清洗、消毒的基础上必须增加烘干消毒系统。根据非洲猪瘟 70℃ 30 min 可以灭活的特点，彻底杜绝由运输车辆带来的围墙以外来源的疫病风险。

针对生物安全等级升级，公司开发了烘干房烘干消毒系统，具有升温快、烘干快、杀菌快的特点，并可根据需求在 30℃ 和 95℃ 区间进行温度设定。

【平台实力】河南全高农牧科技有限公司已获得"国家级科技型中小企业""高新技术企业"证书，并顺利通过 ISO 9001 国际质量管理体系认证；产品获得欧盟 CE 和美国 FCC 双认证；申请国家专利和软件著作权几十项；先后获得"AAA 级重质量守信用企业""AAA 级信用等级企业""中国自主创新品牌""质量信得过产品"等荣誉称号。

第十一章　数字化管理创新平台

猪场管理效果评价是要把数据搜集起来，进行系统分析与整理，实现养猪效益最大化，有效发挥生物资产效能，用数字说话，用数据管理提升猪场管理水平，实现效益最大化。

一、国农（重庆）生猪大数据产业发展有限公司数字化管理创新平台

【平台概述】国农（重庆）生猪大数据产业发展有限公司是国家高新技术创新性、全国业务类的商业二类国有控股企业。公司业务包括：数据处理和存储支持服务，智能农业管理，与农业生产经营有关的技术、信息、设施建设运营等服务，物联网技术研发，物联网应用服务，物联网技术服务，农业专业及辅助性活动，信息安全设备销售，物联网设备制造，物联网设备销售，软件销售，人工智能双创服务平台，信息系统集成服务，大数据服务，软件开发，人工智能应用软件开发，数字文化创意软件开发，人工智能基础资源与技术平台，智能基础制造装备销售。

【平台创新点】国农（重庆）生猪大数据产业发展有限公司基于重庆荣昌国家畜牧科技城以生猪为基础，建立生猪大数据中心，为全国生猪产业发展方向提供决策依据。

【平台创新理念】国农（重庆）生猪大数据产业发展有限公司作为国家级生猪大数据中心的建设运营主体，公司贯彻落实国家关于"互联网＋农业"、大数据智能化等方面的方针政策，公司以生猪产业数字化、生猪数字产业化为目标导向。

【平台影响力】国农（重庆）生猪大数据产业发展有限公司在全国具有较大的影响力。在公司发展壮大的 3 年里，公司主要经营项目：咨询服务，信息技术咨询服务，技术服务、技术开发、技术咨询、技术交流、技术转让、技术推广，科技中介服务，市场调查，社会调查，信息咨询服务，供应链管理服务，广告设计、代理，广告制作，会议及展览服务，公司有较好的产品和专业的销售和技术团队。

【平台实力】国农（重庆）生猪大数据产业发展有限公司获得知识产权84项，其中，一种区块链防伪溯源处理装置、一种基于区块链的生猪运营用溯源系统、一种生猪检疫用易操作的电子签章、一种区块链溯源终端设备、一种生猪检疫用的防花式信息签章、一种生猪粪污厌氧处理池气体监测装置、一种生猪智慧养殖用给水设备、一种用于猪养殖的降温喷淋管道、一种用于生猪检疫信息存储的电子耳标、一种大数据产业区块链溯源终端用辅助平台等专利技术14项；智慧养殖管理系统、畜禽数字监管平台吉吉熊猫 logo 设计等软件著作权3项。

二、青岛不愁网信息科技有限公司数字化管理创新平台

【平台概述】青岛不愁网信息科技有限公司是一家数字化养殖方案提供商，致力于为养殖行业提供数字化养殖方案，提升智慧养殖竞争力。公司开发了畜禽批次养殖业务信息化管理系统、种猪场一体化管理系统、不愁物联 – 物联网产品和大数据平台。

【平台创新点】青岛不愁网信息科技有限公司的创新点是根据不同养猪生产工艺设计软件，不是五花八门，面面俱到，而是体现出专业化、专门化的特点。

【平台创新理念】青岛不愁网信息科技有限公司数字化管理平台的设计理念是满足猪场生产的需要设计软件。因为在中国没有猪场统一报表系统。

【平台影响力】青岛不愁网信息科技有限公司开发的养殖业务管理系统满足了自养、公司 + 农户多种业务模式，通过手机 App、Web 后台，让场长、司机、技术员、保管员、财务、销售员实现协同工作，对合同、订单、库存、物流、资金、结算、成本、生产过程、养殖环境九大环节全面管理，做到资产安全有保障、喂养全程可监控、人均效率有提升、财务结算更精准。重要的是不愁养产品汇集行业内几十家企业的业务管理经验，得到客户的一致认可。种猪场一体化管理系统不仅有养殖生产管理，还包括采购、库存、销售的供应链管理，以及成本管理，能精准地核算猪场各项成本，如每头仔猪的成本、每头断奶猪的落地成本，帮助企业节省大量财务资源，提高管理效率。本产品是猪场管理的整体解决方案，而不仅仅只是管理和统计生产指标。本产品适合专业的父母代种猪养殖场，也适合自繁自育模式的养猪业务。物联 – 物联网产品随时随地，手机端远程对养殖环境与生产全天候监控，查看舍内环境数据，浏览实时监控视频；在环境异常时，分等级进行实时报警，有 App、短信、电话多种报警方式，守护畜禽的安全，保障健康舒适的养殖环境，提高养殖效率和效益。

【平台实力】生产管理精细化，预测行业发展趋势，助力经营者决策分析，推动企业数字化转型升级。具有知识产权 48 项，其中，一种实时检测不同生长阶段体重的装置及控制方法、多仓腿受力分析监控料仓称重系统、一种基于毫米波雷达的手持式生猪生命体征检测设备、生猪健康监测及出栏时间评估方法、终端设备及存储介质、一种基于物联网的养殖场环境与安防数据集成与应用系统、一种猪粪便检测用取样装置等 6 项；软件著作权，不愁网商品猪养殖死淘验证系统、不愁网养殖大数据平台（iOS 版）、不愁网养殖大数据平台（Android 版）、不愁网合同猪养殖成本与利润预测系统、不愁网兽药处方笺管理系统、不愁网养殖大数据平台、不愁网微信端养殖账单查询系统软件、不愁网批次养殖成本核算软件、不愁网养猪版养殖管理系统、不愁网养禽版养殖管理系统等专利 31 项。

三、成都英孚克斯科技有限公司数字化管理创新平台

【平台概述】成都英孚克斯科技有限公司（INFOEX）聚焦于现代畜牧业的 IoT 制造及大数据综合服务的提供商，专注于物联网、大数据、人工智能技术产品的自主研发。聚焦现代畜牧业专业领域，为大中型畜牧集团、饲料生产企业、农产品加工企业以及广大的畜牧养殖农户提供专业化、平台化、场景化以及定制化的大数据智能应用服务。公司为行业客户提供了众多大数据智能分析和决策平台，帮助客户挖掘数据价值，提升智慧决策能力。

【平台创新点】成都英孚克斯科技有限公司创新点：一是智能算法、精准称重；二是远程校准、降低成本；三是数据采集、智能分析。

【平台创新理念】成都英孚克斯科技有限公司开发的"威固"智能称重系统具有行业首创的远程校准功能，用户无需到场（砝码校准）即可通过手机远程校准，为企业节约大量校准费用，彻底改变行业现状；通过"威固"智能称重系统的静态称重精度为 ±5‰以内，系统具有多项创新技术，包括智能补偿算法、智能稳定算法、智能校准算法，可以有效保障系统精准度；"威固"智能称重系统从电子元器件到封装贴片工艺等均通过了严苛筛选和测试；智能控制器采用高效稳定的嵌入式系统，保障设备长期无故障运行；"威固"智能称重系统不仅仅是一套称重设备，更是基于 AIoT 体系打造的数据采集、传输、分析系统，在满足基本称重要求的同时，还能帮助企业及时掌握饲料投喂的数据，为畜牧养殖企业提升数智化管理能力提供数据支撑。

【平台影响力】成都英孚克斯科技有限公司应用物联网、大数据、人工智能技术开发数字化养猪管理系统，英孚克斯历时 3 年潜心研制，基于多项行业首创专利技术，推出"威固"智能称重系统，为用户提供不但满足生物防

疫要求、使用成本最低，而且长期精准稳定的料塔称重系统，为养猪生产提供数据搜集、整理、分析与决策的有利支撑，受到业界广泛青睐。

【平台实力】成都英孚克斯科技有限公司获得知识产权 97 项，其中专利 30 项，主要有：一种基于遗传算法的路径选择方法、一种基于环境因子的称重数据安全传输方法及系统、一种车辆调度优化方法、一种基于标准化的饲料厂生产设备运维系统、一种基于数据集成加密的称重数据采集器及方法、智能称重控制器、一种基于低功耗无线传输的数字称重传感器、一种基于环境因子的称重数据安全传输方法及系统、一种猪舍环境智能控制系统、一种用于饲料运输的车辆调配系统及方法等；软件著作权 54 项，主要有：养殖场管理系统、饲料生产工艺备品备件管理系统、城市监控运维管理系统、多用户类型多平台权限管理系统、地铁节能控制系统、智能散装养殖后台管理系统、传感器实时数据统计与分析系统、智能数据掌控系统 App、龙泉政府门户 App 软件、站点自动检测嵌入式系统等。

四、成都共生食造数字科技有限公司数字化管理创新平台

【平台概述】成都共生食造数字科技有限公司是铁骑力士集团旗下专注于农牧赛道的数字科技全资子公司，依托铁骑力士全产业链优势，聚焦生猪、蛋鸡行业，利用数字科技，发展前瞻性业务，推动产业链升级改造，助力传统农牧行业实现数字化转型。

【平台创新点】成都共生食造数字科技有限公司的创新点是根据畜牧生产实际开发猪场信息管理系统，使软件更加与生产实际贴近。IPS 系统基于 Spring Cloud 微服务架构，开发一站式平台、SAAS 轻量化集成，对过程指标、智能预警、人效考核、购销流程管理等进行精准控制。IPS 是服务于"智慧养殖"的设备自动化管理平台，集成精准饲喂设备、环境传感器、节能灯、料塔传感器等设备，让猪只饲喂精细化、智能化、无人化，降低养殖场最大的饲料成本，优化猪只生长环境，生产全程可视化、规范化、减少生产事故。

【平台创新理念】为响应国家现代农业建设和乡村振兴使命，成都共生食造数字科技有限公司为畜禽养殖行业提供数字化、智慧化的整体解决方案，构建生猪、蛋鸡全产业链智慧管理体系，将人工智能、物联网、数字孪生、大数据、云计算等最新高精尖科研技术与传统农业生产场景相融合，拉近管理距离，提升养殖精细化管理水平，推动养殖行业的产、学、研结合和生态建设，赋能养殖行业智慧化升级，提升数字运营能力，推进产业实现现代化升级。

【平台影响力】成都共生食造数字科技有限公司拥有较完备的生猪、蛋鸡

养殖管理体系，具备大型数字化项目开发、实施交付能力，产品紧密结合最新行业养殖管理需求，已形成一系列科学有效的数据决策产品。如"IPS 智慧猪场管理系统""物联网""生猪一体化政务监管平台"等软件产品。

【平台实力】成都共生食造数字科技有限公司通过构建物联网平台，采集养殖全生命周期数据，结合人工智能、预警系统保障等手段辅助养殖场工作人员进行精准管理，打造一体化物联网智慧养殖场。同时也提供"规模猪场"的智能可视化管理平台，包括大数据可视化平台，对养殖、运输、屠宰信息进行远程巡检，大屏也可展示饲喂、环境、能耗数据，并通过云计算实时分析和控制智能预警。依托边缘计算技术引导工作人员科学有效地养殖猪只、蛋鸡，帮助养殖场真正实现降本增效。

五、北京挺好农牧科技有限公司数字化管理创新平台

【平台概述】北京挺好农牧科技有限公司投资创立的农牧互联网为智能化解决方案提供商，致力于 A2A 商业（Artificial Intelligence to Agro），整合国内外先进的设备及产品，整合国内外知名兽医及营养师专家团队，为饲料养殖行业用户提供全面、专业的智能养殖综合服务方案。拥有多项 IP 及软件著作权，提供牧场工艺设计、设备引进、疾病预防与诊断、物联网 IoT 方案、数据分析、软件定制化等服务。

【平台创新点】北京挺好农牧科技有限公司的创新点是站在国际视野上开发猪场互联网软件，特别是引进人工智能，采取人机对话方式提出畜牧场解决方案。

【平台创新理念】北京挺好农牧科技有限公司的创新理念是将畜牧人从烦琐的劳动中解放出来，从云山会海中解放出来，从堆积如山的资料库中解放出来，让畜牧业养殖变得简单和得心应手。

【平台影响力】挺好农牧独立研发了中英文人工智能诊断 App"挺好 e 线"，将自助算法应用于动物疾病自动诊断、机器人兽医等，是全球第一家运用 AI+AR 技术创建动物疾病数据库的企业；并在 2019 年研发了养殖场可视化管理分析平台"FRAMZAI"，将养殖场的饲喂、供水、环境系统等数据进行融合分析，帮助养殖场实时了解农场状况。

【平台实力】北京挺好农牧科技有限公司于 2015 年组建团队，为挺好科技 KINGHOO INTERNATIONAL。获得知识产权 82 项，其中鸡群体温监测器（笼养鸡舍）、一种基于聊天机器人的动物疾病诊断系统、一种智能诊断疾病的方法、装置、系统及存储介质 3 项专利；著作权方赞 FARMZAI 养殖场综合管理分析平台（IOS 版）、挺好进出口产品追踪管理系统、挺好在线畜牧饲

料采购系统、挺好在线国内外客户综合管理系统、挺好农牧乳制品产品采购系统、挺好农牧在线智能养殖方案指导系统、挺好智能养殖数据线上同步系统、挺好e线智能养殖软件（IOS版）、挺好e线智能养殖软件（android版）、挺好e线后台管理系统等25项。

六、北京农信互联科技有限公司数字化管理创新平台

【平台概述】北京农信互联科技有限公司是农业互联网领域的独角兽企业，已建成"数据＋交易＋金融"三大核心业务平台。2022年，公司正式启动IPO，是一家准上市公司。成都农信互联科技有限公司是农信互联全资子公司，提供更迅速、更全面的农业数据智能生态服务，助推西南区域农业数字化快速发展。

【平台创新点】北京农信互联科技有限公司的创新点是数据、交易与金融三大要素。数字是实现了农业（生猪产业）数字化管理与运营；交易是为养猪企业开展卖猪、卖肉、卖料和卖动保等交易；金融是指帮助中小企业融资、贷款。

【平台创新理念】北京农信互联科技有限公司通过"数据＋交易＋金融"三大核心业务平台为养猪企业解决生产管理环节、产品销售环节、猪场运营资金等方面问题。想养猪企业所想，为养猪企业经营过程中提供精准或全方位服务。

【平台影响力】北京农信互联科技有限公司在全国具有较强的公信力和较大的影响力，帮助养猪企业实现数字化管理、产品交易和金融支持。

【平台实力】北京农信互联科技有限公司实力雄厚，获得871项知识产权，专利49项，主要包括：一种表单管理系统及方法、一种业务系统的风险控制方法和装置、一种分布式高可用网关系统、一种防止恶意请求的方法、一种基于信息数据的信用评估与授信申请系统及方法、一种基于访问日志的应用状态监控报警系统及方法、日志收集管理系统及方法、一种用于水产交易的电子秤、一种基于猪场管理的表单录入方法及系统、牲畜养殖监控系统等；软件著作权48项，主要包括：企联网公司加农户系统、企联网自定义报表系统、智农通即时通信软件（Android版）、鸡蛋溯源系统、智农通农业圈软件（iOS版）、智农通即时通信软件（iOS版）、农信货联货物运输平台、智农通手机应用平台（iOS版）、智农通手机应用平台（Android版）等。

七、上海互牧信息科技有限公司数字化管理创新平台

【平台概述】上海互牧信息科技有限公司是集猪场生产管理、猪育种、进

销存、资产管理、财务管理、报表系统及物联网智能化管理的平台。该平台功能贯穿了猪场所有业务流程，对猪场的后备、配种、产房、保育/育肥、育种等各个生产环节进行全流程管控。平台支持母猪繁殖数据录入、猪群变动数据录入、健康管理录入、种猪测定数据录入等，数据采集时支持 PC 端、App 端常规数据采集方式，也可以借助互牧云物联网相关设备的使用，实现员工在工作中及时采集数据，提高猪场数据采集的及时性、准确性及真实性，为猪场育种、管理决策等需求提供真实可靠的基础数据。

【平台创新点】上海互牧信息科技有限公司的创新点是把养猪生产、销售和物流统一管理计算软件平台，特别是公猪站管理平台，把采精、精液稀释、保存、分装、运输、输精等各环节精准管理，促进了精液生产的标准化。

【平台创新理念】上海互牧信息科技有限公司的创新理念是生产、经营标准化。

【平台影响力】上海互牧信息科技有限公司在行业内影响力是空前的，特别是在集团化企业管理子公司站点统一规范生产中发挥重要作用，各站点与公司产品一致、质量透明、安全可靠。

【平台实力】上海互牧信息科技有限公司获得 34 项知识产权，其中专利 6 项，包括：一种仔猪个体秤、智能断奶仔猪称重车、智能种鸡测定秤、一种断奶仔猪作业车、一种猪用电子饲喂器、泡沫箱等；软件著作权 13 项，主要包括：互牧猪场数据采集 App、互牧云种猪育种系统、互牧云可视化数据应用管理平台、互牧云鸡场育种移动端管理系统、互牧云种羊育种管理系统、互牧云智能养猪管理平台、互牧云公猪站管理系统、互牧云智慧养牛管理系统、互牧云饲料企业业务管理系统、互牧云猪场企业智能化信息管理系统等。

八、福州微猪信息科技有限公司数字化管理创新平台

【平台概述】福州微猪信息科技有限公司专注于养猪行业的信息化，致力于推动猪业全流程数字化变革。微猪科技服务于不同规模的养殖集团及企业，为养猪行业提供全面、易用、专业、稳定的数字化养猪解决方案。针对行业的特殊需求，微猪科技为各类型养猪企业搭建企业级的养猪数据平台，提供包括养猪生产、种猪育种、购销存、成本核算、人工智能物联网（AIoT）、实验室等在内的全套解决方案，使养猪企业更好地利用数字化管理手段提升管理水平、降低成本并提升生产效率。

【平台创新点】福州微猪信息科技有限公司的创新点在于对整个生产流程进行描述，获得全产链数据，支撑企业决策。

【平台创新理念】坚持不断创新并维持技术优势是微猪科技的核心竞争力

所在。从微信平台出发的简单易用，到服务不同用户的专业猪场信息管理系统，微猪科技一直在推动养猪数字化的发展进步。从猪场日常产生的一个个散碎数据中见微知"猪"，并通过海量数据对猪场经营进行效率提升，为养殖企业提质增效提供了盈利的必要条件。微猪科技准确、敏捷地感知到了行业痛点，为用户提供了生产、育种、财务、实验室等多方位服务。友好的操作界面以及方便快捷的交互体验，让微猪科技成为不同岗位的养殖管理人员的智能助理。

【平台影响力】福州微猪信息科技有限公司为猪场服务，不仅提供生产管理数据管理，还提供数据分析系统，为猪场生产决策提供有力依据。福州微猪信息科技有限公司还为行业提供数据支撑系统，定期发布全国行情分析报告。

【平台实力】福州微猪信息科技有限公司获得知识产权 56 项，其中专利12 项，包括：带种猪选配系统图形用户界面的显示屏幕面板、一种农场智能鼠饵管理系统及方法、一种动物注射系统、一种动物数字化批次养殖管理系统、一种农场工作服视觉识别预警装置及方法、一种动物注射方法、基于云计算的猪育种分析系统及方法、猪场分析报告自动生成方法、猪场数据开放平台等；软件著作权 25 项，主要包括：猪场财务管理系统、集团猪场管理平台、微猪管理系统 Web 客户端软件、猪场绩效管理系统、猪场物料管理系统、种猪育种分析管理系统、通用猪场批次管理系统、猪场数据导入导出系统、畜牧业信息搜索引擎系统软件、基于微信平台的猪场信息管理系统等。

第十二章　性能测定创新平台

中国开展了近 30 年种猪性能测定，育种场日益感受到测定对种猪选择的重要性和依赖性，近十年种猪性能测定设备日趋国产化。

一、上海科诺牧业设备股份有限公司性能测定创新平台

【平台概述】上海科诺牧业设备股份有限公司是一家中外合资企业，专业从事猪场设备及畜舍的研发、技术引进、生产制造以及猪场规划和猪场建设。

【平台创新点】上海科诺牧业设备股份有限公司的创新点是引进、消化、吸收与再创新。在保持国外性能测定设备先进性、严密性、科学性外，加大元器件国产化研究进程，从而做到了操作更加简单、维护更加容易与便捷、成本快速下降。

【平台创新理念】上海科诺牧业设备股份有限公司的创新理念是服务中国客户，创建民族品牌，加快硬件国产化，促进软件中国化。

【平台影响力】上海科诺牧业设备股份有限公司所生产的设备和畜舍以及建设项目的核心价值是 RDES（Reliability 可靠、Durability 耐用、Efficiency 高效、Simplicity 简单），这是通过与国际畜牧设备技术领先的公司合作，进行技术引进、吸收和提高，满足国内畜牧行业对先进自动化设备、高质畜舍及高效建设项目的需求，并提供优质服务得以实现。目前技术合作的知名企业有：美国 VAL-CO（通风及料线）、加拿大 Crystal Spring（料槽）、加拿大 QMA Maximus（控制器）和奥饲本（自动化测定及饲养设备）。公司承接国内外著名企业大型 EPC 交钥匙工程及成套设备项目，服务猪场的母猪数量已超过 30 万头。

【平台实力】上海科诺牧业设备股份有限公司获得知识产权 28 项。科诺设备因性能好、稳定性强、便于维护，受到中国广大养猪生产者的欢迎。

二、睿保乐（上海）实业发展有限公司性能测定创新平台

【平台概述】睿保乐（上海）实业发展有限公司是使用个体身份识别技术实现畜牧业自动化领域的全球引领者，致力于帮助全球牧场取得成功。睿保

乐智能化畜牧管理系统对牧场进行大群饲养管理的同时，兼顾个体动物的个性化管理。个体精准管理有助于改善动物体况，提高生产力，改善畜群和栏舍的舒适度，提高动物福利水平。睿保乐畜牧管理系统每天为全球超过100多个国家的牧场和数百万头动物提供照顾和管理。公司的技术和解决方案为牧场及管理员提供可靠的信息，帮助牧场作出运营及战略决策。

【平台创新点】睿保乐（上海）实业发展有限公司的创新点是集成全球最先进的技术，有效解决动物生产过程数据搜集、整理、分析与决策的关键要素。

【平台创新理念】睿保乐（上海）实业发展有限公司员工对畜牧业充满热情，凭借他们的专业知识和行业背景为客户提供服务，并为畜牧业发展作出卓越贡献。全球知名的国际化公司均与睿保乐建立合作关系，将睿保乐的理念和技术纳入其牧场管理和解决方案中，如国际知名的育种公司、挤奶公司、猪肉生产商、大型养殖集团等。公司的经销与服务网络能够确保提供全球化的科技体系，配以本地化的服务与支持。

【平台影响力】睿保乐（上海）实业发展有限公司相信技术能够解决中国民生的重大问题作出卓越贡献，因此技术应为人类提供服务，而非相反。睿保乐总部在荷兰，成立于1929年，1947年于欧交所上市，拥有700多名员工，10个办事处和7个不同的业务部门，睿保乐畜牧设备事业部是其中之一。

【平台实力】睿保乐（上海）实业发展有限公司是国内较早从事种猪测定设备推广的企业，产品均引进国外技术。经过多年推广在中国畜牧业中占据很大市场份额且口碑良好。

三、大荷兰人（Big Dutchman）性能测定创新平台

【平台概述】Big Dutchman 是世界领先的家禽、家畜设备的供应商。1938年，大荷兰人的创始人在美国发明了世界上第一个全自动的饲喂链条。在今天，这个一直努力奋斗的家族企业将总部设立在德国的 Vechata-Calveslage。在猪和家禽养殖的畜舍以及饲喂设备方面，大荷兰人一直被认为是国际市场的领导者。在全世界五大洲超过100个国家中，大荷兰人的名字意味着持久的性能、可靠的服务以及无法被超越的技术。

【平台创新点】Big Dutchman 的创新点在于不断创新发展，产品不断迭代更新，时时考虑超越自我，因此近百年来，大荷兰人技术一路领先，保持全球第一。

【平台创新理念】Big Dutchman 的使命是提供超越客户所期望的有竞争力的、高质量的产品和即时服务。在养猪、蛋禽、肉禽设备方面，大荷兰人

的产品涵盖了操作简单、易安装、电脑控制的饲养系统，可通过最先进的设备进行气候控制、排气和废物处理，以及用于电脑控制的家畜饲养管理硬件和软件。规划以及建立沼气发电厂、现代的室内养鱼场以及用于生物发电的最新科技是最好的投资组合。

【平台影响力】Big Dutchman 大荷兰人的革新已经影响到了工业时代，并且再次影响了环境保护领域，动物福利的促进以及更多有效的生产方式。在这些革新中最好的例子首先是用于猪养殖的电脑控制液体饲喂系统，引领潮流的用于平养以及自由放养蛋生产的家禽畜舍系统，有效地废气清洁处理或者是经过改革创新的拥有高科技含量的摄像系统，能够用于精确数蛋、测量以及评估舍内鸡蛋。

【平台实力】Big Dutchman 公司是全球养猪机械制造行业知名公司，在全球几十个国家都有研发中心、技术推广中心，研究实力雄厚，开发能力强，产品迭代速度快，是世界领先的家禽、家畜设备的供应商。在猪和家禽养殖的畜舍以及饲喂设备方面，Big Dutchman 一直被认为是国际市场的领导者。

四、武汉博思智能科技有限公司性能测定创新平台

【平台概述】武汉博思智能科技有限公司是一家致力于畜牧业与机械化、自动化、信息化、大数据、人工智能等新技术深度融合，驱动养殖业向智能化、智慧化转变的集团公司。公司主营业务包括畜禽性能测定系统、智能单体饲喂系统、智能小群饲养系统、人工授精设备与高端耗材系列、母猪生产护理设备、环境自动控制和消毒设备、智能化育肥管理设备与系统等智能化养殖设备，以及养殖咨询服务等服务类项目。

【平台创新点】武汉博思智能科技有限公司的创新点是以畜禽性能测定系统、智能单体饲喂系统、智能小群饲养系统、精液自动搜集系统、母猪生产护理设备、环境自动控制和消毒设备、智能化育肥管理设备与系统等系列化、智能化养殖设备为核心开展技术集成创新。

【平台创新理念】公司始终坚持"以诚为本，以正为行"的基本准则，践行"以价值创造者为根基，以客户需求为中心，以创新创造为动力"的企业核心价值观。秉持"用户至上，合作共赢"的服务理念，始终坚持"立足实践，科学设计"的工作态度，为打造一流的民族品牌而持续努力奋斗。

【平台影响力】武汉博思智能科技有限公司开展猪群整个生产系统实现智能化，为猪场实施智能化管理创造条件。要实现生产全过程智能化，需要各部分友好协调，数据共享，相互支撑，需要建立良好的客情关系。

【平台实力】武汉博思智能科技有限公司获得 4 项知识产权授权，其中专

利 3 项，包括：一种基于消防物联网的智慧园区监控摄像机、一种基于智慧实验室的物联网的信号传输基站、一种基于智慧交通信息采集用园区用减速传感装置等；软件著作权 1 项，来思消防智能管理软件。

五、河南育赫自动化设备有限公司性能测定创新平台

【平台概述】河南育赫自动化设备有限公司是一家主要开发、经营畜牧机械设备、农业机械、林业机械、农副产品、自动化智能饲喂系统、自动上料系统、液态饲喂系统、栏位系统、聚氨脂塑料及铸铁漏粪板系列、围栏板系列、死猪无害化处理设备、环控设备、清粪消毒饮水系统、塑料制品、电子产品销售；从事货物和技术进出口业务的公司。

【平台创新点】河南育赫自动化设备有限公司主要创新点是智能化在整个生猪生产领域内的应用。这需要各生产环节智能化装备的衔接、软件数据的共享。

【平台创新理念】河南育赫自动化设备有限公司创新理念是始终为客户提供好的产品和技术支持、健全的售后服务，公司生产优质的产品，有着专业的技术和销售服务团队，在智能化自动化控制系统上有很深入的研究和技术输出。

【平台影响力】河南育赫自动化设备有限公司坚持为客户提供优质、价格合理的智能化养猪设备，国外同类智能化产品在河南育赫自动化设备有限公司实施国产化后操作更方便、维护更便捷、价格和运行费用均下降，受到客户的青睐。

【平台实力】河南育赫自动化设备有限公司具有 14 项知识产权，其中专利技术 7 项授权，包括：一种实用性好的乳猪液体饲喂器、一种便于清洁的乳猪养殖栏、一种乳猪喂奶装置、一种猪养殖用养殖栏的消毒装置、一种适用于养猪的养殖保温箱、一种猪养殖用养殖棚通风装置、一种猪养殖用清粪装置等；软件著作权 3 项，包括：养猪设备伺服驱动自动化控制系统、基于物联网的养猪设备自动化控制系统、养猪设备自动化运维监控系统等。

第十三章　废弃物处理创新平台

废弃物处理是推进猪场健康持续发展的有利手段，没有好的处理方法，猪场的持续发展会遇到阻碍，因此智能化废弃物处理迫在眉睫。

一、厦门康浩科技有限公司废弃物处理技术创新平台

【平台概述】厦门康浩科技有限公司是一家集研发、生产、销售、服务于一体的综合性企业，系厦门市"双百计划"人才企业，厦门市专精特新中小企业、福建省科技小巨人领军企业、国家高新技术企业。公司专门从事农业、农村有机废弃物资源化利用设备生产和运营，是国家畜禽养殖废弃物资源化处理科技创新联盟成员，有机废弃物资源化利用专业服务商和运营商。

【平台创新点】厦门康浩科技有限公司的创新点是要把养猪从污染环境变成友好环境，不仅要把猪场废弃物处理好，还要把废弃物变成资产。特别是低碳的底线思维考虑猪场废弃物处理，在一个猪场实现碳平衡，努力实现碳汇交易。

【平台创新理念】厦门康浩科技有限公司的创新理念是变废为宝，变废弃物为有机肥。

【平台影响力】厦门康浩科技有限公司利用自主知识产权研发了畜禽生物化尸机、舍外发酵床翻抛机、养殖场除臭一体风机、有机垃圾处理机、有机肥厂设备。设备获农业农村部农业机械试验鉴定证书，已销售至全国30个省（自治区、直辖市），助力畜牧业生产方式绿色转型和乡村振兴事业的发展。

【平台实力】厦门康浩科技有限公司已获知识产权57项，其中专利44项，主要有：一种有机垃圾尾气处理设备、一种舍外圆形发酵床、一种风机自动除臭系统、一种畜禽生物化尸机、一种有机废弃物处理机、一种智能沼液一体化施肥机、一种食品无害化处理机、一种有机垃圾生物处理机、一种畜禽尸体快速处理机、一种高温法畜禽生物化尸机等，获得全国农牧渔业丰收奖一等奖和三等奖，2019年获得工信部两化融合管理体系评定证书。

二、南京茂泽新能源设备有限公司废弃物处理技术创新平台

【平台概述】南京茂泽新能源设备有限公司是一家专业研发、设计、生产、制造智能高温好氧发酵设备、新能源污泥处理设备、生物质燃烧设备、固废处理设备、废弃物资源发电设备等设备的综合性环保技术型企业。同时还为客户提供完整的发酵技术及菌种，确保为客户提供一站式优质服务。

【平台创新点】南京茂泽新能源设备有限公司的创新点在于全面利用猪场废弃物，从低碳减排到形成碳资产，并参加碳汇交易。从有机肥、生物发酵、生物质燃烧到固废处理。

【平台创新理念】南京茂泽新能源设备有限公司的创新理念是让养猪人安安心心养猪，废弃物处理不发愁，从分散堆放变成工厂化处理，从老大难处理变成增加提升。

【平台影响力】南京茂泽新能源设备有限公司目前已获得国家高新技术型企业证书、ISO9001 质量体系证书、AAA 级资信等级证书并拥有国家发明专利和实用新型专利 30 多项证书。公司已在全国各地，甚至韩国、东南亚等国家和地区建立代理商团队，以优越的性能和价格服务于国内外客户。

【平台实力】南京茂泽新能源设备有限公司获得知识产权 44 项，其中专利 36 项，包括：一种发酵罐的尾气净化机构、一种畜禽粪便发酵尾气处理系统、一种快速畜禽粪便发酵罐送风装置、一种畜禽粪便发酵用粉碎装置、一种畜禽粪便发酵用除臭装置、一种除尘节能型的除臭装置、一种快速发酵处理畜禽粪便的装置及方法、一种具有压力监控装置的全自动型发酵设备、一种发酵罐用废气处理装置、一种全自动型发酵设备的自动温控系统等。

三、广州铨聚臭氧科技有限公司弃物处理技术创新平台

【平台概述】广州铨聚臭氧科技有限公司专业从事臭氧产生机理研究、臭氧设备设计与制造、臭氧应用工程方案设计与臭氧系统设备安装、调试、运行及维护，是国内臭氧行业的代表企业，正逐渐成为全球臭氧系统供应商。

【平台创新点】广州铨聚臭氧科技有限公司创新点是针对近 5 年生猪产业环保的一项重要指标，即臭气。针对这样一个难题开展攻关、研究、开发、试验、生产，为养猪能够平安生产保驾护航。

【平台创新理念】广州铨聚臭氧科技有限公司在臭氧系统中具有人性化的设计理念、雄厚的研发实力和完备的技术服务体系。公司产品在臭氧领域处于领先地位。公司始终贯彻"科技领先、追求无限"的经营理念，遵循以人为本，从客户角度出发，本着"客户的满意，就是公司的追求"的精神，

积极引进国外的先进技术，不断研制和完善臭氧应用的新产品，最大限度地满足客户的需求，并使用户享受最完美的售前和售后服务。公司将严格遵守"以质量求生存，以信誉求发展"的企业宗旨，以先进的技术、可靠的质量、放心的服务，为中国臭氧产业而不断努力。

【平台影响力】广州铨聚臭氧科技有限公司公司拥有实力雄厚的技术队伍，研发和生产出精度高、稳定性好、使用方便、维护容易的设备。公司生产的系列产品应用范围广，在汽车消毒、制药、食品、医疗、水处理、环保、化学氧化与合成等几十个领域有着丰富的经验。拥有 10 项知识产权。

【平台实力】广州铨聚臭氧科技有限公司率先解决猪场臭气问题，为行业发展提供技术。对臭气进行有效收集、处理、中和，为低碳减排、实施碳中和，国家碳达标作出先行贡献。

第十四章　空气过滤技术创新平台

疾病上百种，从理论和实践上都可以证实全面实现猪病净化是不可能的，那只有保护好猪只生长的小环境，阻挡猪病入侵，这就要靠过滤系统完成。

一、江苏富泰净化科技股份有限公司空气过滤技术创新平台

【平台概述】江苏富泰净化科技股份有限公司是一家研发、生产猪场过滤器的高新技术公司，公司在吸收和借鉴中国台湾地区过滤器技术和日本过滤器技术的基础上，创造性在中国大陆开发适合本地区特点高档过滤器产品。

【平台创新点】江苏富泰净化科技股份有限公司的创新点在于拥有20余年空气过滤净化技术，具有一站式空气净化整体解决方案的实力。

【平台创新理念】江苏富泰净化科技股份有限公司几十年如一日，坚持研究病毒、细菌颗粒的数量级，针对这样一个数量级设计过滤器技术规范和产品标准。

【平台影响力】江苏富泰净化科技股份有限公司致力于为客户提供高品质的产品和一流的售后服务，积极协助客户解决所遇到的问题，为客户提供整体的解决方案。为此，公司在吸收台湾富泰空调、日本 AIR TECH 的无尘无菌设备设计理念和专业制造技术基础上，在中国大陆成立了专业设计研发团队，从事无尘无菌室设备的研发与改良，尽最大能力满足客户及国内市场的需求。

【平台实力】江苏富泰净化科技股份有限公司具有知识产权138项，其中专利122项，包括：一种无尘室用传递箱、一种风机过滤器组件、方便更换过滤网的送风口结构、过滤网固定装置及风机过滤机组、"V"形补强结构及风机过滤机组、货淋室、FFU 风机过滤机组、FFU 抽屉式过滤器结构、高效导风的进风口快装结构、过滤器照明检测台等；软件著作权4项，包括：FFU 风速压差监测自动群控系统、FFU 中央控制系统、富泰净化产品气流分析软件、富泰无尘过滤网机组群控软件等。

二、瑞典蒙特空气处理设备（北京）有限公司空气过滤技术创新平台

【平台概述】瑞典蒙特空气处理设备（北京）有限公司是一家从事空气处理设备、技术咨询、技术服务等业务的公司。主要生产转轮除湿设备、工业用蒸发式加湿器、除雾设备（电站脱硫脱硝设备）；农业用降温设备、蒸发式加湿设备及空气处理设备。

【平台创新点】瑞典蒙特空气处理设备（北京）有限公司的创新点是在食品、制药、农牧、船舶领域中空气处理（AirT）上开展攻关研发。

【平台创新理念】瑞典蒙特空气处理设备（北京）有限公司早在20世纪70年代末，就将除湿产品引入中国市场。随着中国市场的发展，为了给广大客户提供更加及时高效的本土化服务，蒙特（Munters）集团于1993年在北京、上海和广州设立了办事处；1995年，蒙特（Munters）集团在中国正式成立独资公司——蒙特空气处理设备（北京）有限公司，这也是蒙特（Munters）在中国建立的首个生产基地。

【平台影响力】瑞典蒙特空气处理设备（北京）有限公司是全球温湿度控制领域的专家，拥有上千项相关专利。自2010年，蒙特进一步细分服务领域，有力整合现有资源，从而更加专业深度地服务全球客户。

【平台实力】公司的客户广泛分布于各个领域，主要包括食品、制药、农牧、船舶、电子工业及数据中心。公司的生产与销售网络分布于世界各地30多个国家。拥有129项知识产权，其中专利61项，主要包括：一种增设有热泵组件的涂布烘箱系统、湿式水洗废气处理设备、一种增设有热泵组件的溶液除湿系统、一种基于叠加式热泵的热传递系统及热传递方法、一种风扇组件及风扇、一种湿帘框架的改进结构、用于湿帘的下框架及湿帘结构、用于装配湿帘的框架结构、具有风扇的百叶窗、一种废气处理装置等；软件著作34项，主要包括：基于肉鸡养殖通风控制系统、基于WEBServer的除湿机监控系统、基于肉鸡体重的冬季补偿通风系统、基于肉鸡日龄养殖通风系统、基于MODBUS-TCP协议的除湿机上位机监控系统、基于肉鸡体重养殖通风系统、超净排放除雾器在线冲洗水控制逻辑系统、Gateway农场数据处理机软件、高效节能除湿机组MBS控制软件、低露点除湿系统HCD控制软件等。

三、山东澳普瑞电器有限公司过滤技术创新平台

【平台概述】山东澳普瑞电器有限公司是一家集科研、生产、贸易于一体的新兴技术型企业。公司专业从事臭氧发生器研发、生产业务，主要产品

包括移动式臭氧发生器、壁挂式臭氧发生器、柜式臭氧发生器、手提式臭氧发生器及大型工业用臭氧发生器。公司生产的臭氧发生器，可进行空气消毒、杀菌、除味处理，也可以进行液态水的消毒杀菌处理。经过 10 余年的发展，公司已成为国内臭氧发生器研发生产的顶尖企业。

【平台创新点】山东澳普瑞电器有限公司的创新点主要是围绕"臭氧"这个养猪业棘手课题开展攻关研究与开发。特别是研究开发应用于不同环境下的臭氧搜集设备、处理设备等。

【平台创新理念】山东澳普瑞电器有限公司始终坚持"追求卓越、诚信经营、品质优良、专业服务"的理念，将"顾客的满意是公司的荣誉"作为公司永远不变的质量政策；把"诚信、负责、创新、团队"作为公司不断追求的目标，致力于高效、节能、环保臭氧发生器设备的技术开发和生产，努力创造宁静、舒适、节能的生活环境，以科技先导全力满足用户需要。企业宗旨是为客户整合社会资源，实现合作共赢。定制多品种、高品质、价格合理的产品和良好的售前、售中与售后服务，强调"品牌、价格、服务一步到位"是澳普瑞唯一不变的信念，顾客满意是澳普瑞服务的目标。

【平台影响力】山东澳普瑞电器有限公司有雄厚的经济基础，强大的关系网络，完备的技术和人员配置，众多高素质专业人才分布于科研、生产、营销等重要岗位。公司采用先进的管理模式，按照 ISO9001 国际质量体系标准的要求推行全面质量管理。公司有很广泛的商品信息网络，合作伙伴遍及全国各地，公司在"创造优质服务"的经营理念指导下，经过全体员工的不懈努力，已经取得了令人瞩目的成绩。公司拥有一支精通业务、操作能力强的骨干队伍，提供专业化、个性化、全天候、全方位的服务。

【平台实力】山东澳普瑞电器有限公司有着卓越的产品技术、精诚合作的团队精神、精良的加工设备、严格的产品检测、优质完善的服务体系。提供优质的服务，赢得顾客、员工、社会满意是澳普瑞前进的动力源泉。澳普瑞立志服务品牌定位，为顾客提供涵盖售前、售中、售后一体化的阳光服务。将朝着"打造中国优秀的臭氧发生器品牌"的目标而不懈努力。秉承"做百年澳普瑞，国家、企业、员工，利益共享；树家庭氛围，沟通、指导、协助，责任共当"，澳普瑞电器坚持"激励为先，大胆提拔"激励理念，建立了涵盖员工福利、各类奖励、晋升加薪、期权激励等多方面的激励体系，鼓励员工树立远大的事业理想，并立足澳普瑞电器平台，与企业共同成长，共享价值，成为澳普瑞的事业经理人。

以市场为导向，持续提升企业盈利能力。多元化、信息化，追求企业更高的价值。以顾客为导向，持续增强企业的控制力。重目标、重执行、重结果，追求更高的顾客满意度。

四、烟台宝源净化有限公司空气过滤技术创新平台

【平台概述】烟台宝源净化有限公司是国内大型的空气过滤器专业制造商、空气过滤器厂家、空气过滤器品牌，主营产品有化学过滤器、空气过滤器、高效过滤器等。

【平台创新点】烟台宝源净化有限公司的创新点是研究过滤物质的过滤器，有化学过滤器、空气过滤器、高效过滤器等。

【平台创新理念】烟台宝源净化有限公司坚持个性化过滤与精细化过滤相结合，深入研究不同物质、不同病毒和不同细菌颗粒数量等级，有效开展过滤。

【平台影响力】烟台宝源净化有限公司通过了 ISO9001 质量管理体系认证和 ISO14001 环境管理体系认证，部分空气过滤器产品通过了 UL900 认证，并荣获省著名商标荣誉。公司 1995 年成立技术研发机构，被山东省科委认定为"山东省洁净技术推广中心"，2004 年成立"山东省空气净化工程技术中心"，2005 年成立"山东省环境保护室内环境重点实验室"，2009 年获优秀中心称号，2014 年升级为省级示范工程技术研究中心。参与五项国家标准的制定并率先引进和推广国际先进标准。科研项目获国家科技进步奖三等奖 1 项，省科技进步奖二等奖 3 项，国家专利 17 项，5 种产品入国家级新产品和国家火炬计划，历年来承担国家、省部级科技项目 20 多项。

【平台实力】烟台宝源净化有限公司获得知识产权 75 项，其中专利 54 项，主要有：过滤器的固定成型装置、超低阻高效率复合型空气过滤器、快拆式可更换滤芯板式过滤器、快拆式可更换滤料板式过滤器、集装箱活禽养殖用空气过滤器、超低阻高效率的无隔板空气过滤器、用于生物防疫的紧凑型空气过滤单元、回风净化装置、医用超低阻高效率的回风净化模组等。

五、东莞市博仕净化科技有限公司空气过滤技术创新平台

【平台概述】东莞市博仕净化科技有限公司前身为东莞飞扬净化，现更名为博仕净化，是一家大型专业空气净化产品生产公司，公司始终专注于空气净化产品研发，掌握国内外前沿技术，专业从事空气过滤器、净化设备、手术室净化设备设计研发及生产。

【平台创新点】东莞市博仕净化科技有限公司专攻空气过滤器研发与生产，空气净化设备研发与生产和相关耗材生产。博仕净化科技自主研发的空气过滤净化系统，净化率达到欧盟排放标准，风量大、坚固耐用、高效且使

用维护成本低，可有效防止猪流感、蓝耳病病毒等。

【平台创新理念】东莞市博仕净化科技有限公司在无菌病房、生物安全实验室、实验动物房、生物制药GMP厂房的相关产品技术领域遥遥领先，确保每一个产品及设备可达到国家与国际相关规范的要求。东莞市博仕净化科技有限公司成立于2008年，拥有专业的生产技术和服务团队。作为空气过滤器产品和设备的生产者和销售商，博仕净化科技为全球提供综合净化方案，让养殖变得更简单、更高效。

【平台影响力】博仕净化科技自主研发初效过滤器、中效过滤器、高效过滤器等各种非标空气过滤器生产与研发净化以及设备，手术室设备等，产品广泛应用于医院、制药、食品、光电、电子、半导体、医疗、生物工程、食品、等诸多领域。在净化行业服务近千家客户，得到众多客户的信赖好评。

【平台实力】东莞市博仕净化科技有限公司获得24项知识产权，其中专利14项，包括：一种节能环保用二人位洗手池、一种用于污染防治的过滤棉、一种高效滤袋式过滤器、一种使用寿命长的污染防治用过滤网、一种高效净化风淋室、一种新型中效板式过滤器、一种初效折叠式过滤器、一种用于污染防治的初效板式过滤器、一种便于更换滤芯的活性炭过滤器、一种出风均匀的高效送风口等；软件著作权2项，有：袋式过滤器安全过滤系统、组合式洁净药品柜过滤系统。

六、青州市宏铭温控设备有限公司创新平台

【平台概述】青州市宏铭温控设备有限公司是一家专注于湿帘生产的企业，现拥有4条优良的生产线，其中一条是单张固化型，年产15万 m^2，是中国北方较大的水帘生产企业。

【平台创新点】青州市宏铭温控设备有限公司的创新点是基于不同环境、气温条件的产品设计。所生产的湿帘销往世界20多个国家和地区，更是多个上市公司的湿帘指定供应商，服务于众多大型企业、集团以及广东、上海、浙江、青岛等地的外贸公司。

【平台创新理念】青州市宏铭温控设备有限公司一直采用当前合格的原料进行生产，原纸采用佳木斯纯木浆纸，强度胶采购于上市公司，粘接更是采用高粘接性、高耐水性的产品。公司设有单独化验室，可以用来检测原料和产品的各项性能，并设有总经理质量投诉电话，随时接受质量的监督和投诉。

【平台影响力】青州市宏铭温控设备有限公司展望未来，将继续遵循"以

质量求生存，以信誉求发展，向管理要效益"的宗旨，不断吸收引讲新技术，新产品，为广大客户提供优良的产品和周到的服务。

【**平台实力**】青州市宏铭温控设备有限公司专注于湿帘、冷风机、水冷空调等室内降温系列；全自动热风炉、全（半）自动燃煤燃油热风炉、引风机、暖风炉等加温系列的开发利用。主要产品型号有 7090 型、7060 型、5090 型、6090 型，单面黑色、单面绿色、全绿型、无味型等，还可以根据客户需要单独定制。

第十五章　液态饲喂创新平台

液态饲喂是养猪业发展的方向，为了更好地解决人与猪争粮食的问题，发展养猪必须充分利用地缘性饲料，可以把当地可利用的饲料与精饲料混合、搅拌，同时液态饲喂便于无人猪场物联网控制，能够提高饲料利用率与消化率。

一、河南隆港科技有限公司液态饲喂创新平台

【平台概述】河南隆港科技有限公司是一家从事养殖设备和系统研发的科技型畜牧企业。公司主要经营：养殖技术咨询、技术服务；畜牧设备、电子技术研发、技术推广。销售畜牧设备、电子设备。中国液态饲喂倡导者、带头人李向东先生在雏鹰集团工作了 20 余年，现任雏鹰集团试验场总负责人，仅尉氏鸡王、芦家实验料罐设备就废弃了百余台，又在新郑梨河实验场研究、试装，终于在 2014 年正式推出"天蓬乐"液态饲喂设备，后来获得国家发明专利证书。

【平台创新点】河南隆港科技有限公司的创新点在于液态饲喂输送关键环节，彻底解决饲料管道内残留这一几十年困扰液态饲喂技术推广的问题。

【平台创新理念】河南隆港科技有限公司开发的"天蓬乐"液态饲喂系统一经面世就备受关注，受到河南省头部养猪企业的广泛重视；公司还有料塔称重系统、环境控制系统、母猪定量喂食系统等多项发明专利，是雏鹰农牧集团技术研发试用单位。

【平台影响力】河南隆港科技有限公司本着"宁可自己千辛万苦，不让客户一事为难！"的宗旨，以"引领智能生态，打造畜牧航母"为己任，服务养殖行业客户遍布神州，公司秉承"为客户创造价值，就是实现自身价值"的经营理念，为客户节约养殖成本，深受广大客户的一致好评。

【平台实力】河南隆港科技有限公司具有知识产权 19 项，其中专利技术 10 项，主要有：一种猪舍通风装置、一种用于牲畜养殖的精确饲喂设备、一种精确饲喂控制器、液态饲喂系统、猪场自动化管理系统及方法、一种精确饲喂系统、一种自动喂料机、一种精确饲喂控制器等。

二、郑州瑞昂信息技术咨询有限公司液态饲喂创新平台

【平台概述】郑州瑞昂信息技术咨询有限公司是专业从事养殖系统研发的技术型企业，一直致力于智能养殖场的整体规划和设计，专业从事智能化养殖设备硬软件的技术开发和自动化设备技术的研究与应用。

【平台创新点】郑州瑞昂信息技术咨询有限公司坚持走引进、消化、吸收、再创新的道路，主要创新点是解决过去国外同类设备硬件维护和软件远程调整的难题。

【平台创新理念】郑州瑞昂信息技术咨询有限公司研发了智能液态饲喂系统，畜禽舍热能回收新风系统和智消净车辆洗消烘干设备。让科技改变养殖，让数据创造价值！以自身的技术优势为先导，凭借精益求精的专业技术和为用户提供优质高效服务的理念，根据用户不同的具体需求，向用户提供方案设计、现场实施、运行维护等一系列完整的服务和技术支持。

【平台影响力】郑州瑞昂信息技术咨询有限公司秉持"不断创新、优质高效、诚信为本、服务必至！"的理念，为各界用户提供专业化集成解决方案。

【平台实力】郑州瑞昂信息技术咨询有限公司具有很强的研究实力，坚持科研开路，把最复杂问题做到最简单操作。过去国外进口产品元器件更换时间周期长，经常出现停产现象，导致整个猪场需要配备两套生产线，现在很多核心部件实施国产化，更换元器件只是分秒之间的事情；过去国外同类产品操作系统复杂，普通工人很难掌握，现在一是汉化系统；二是可以远程监控、调整。

三、唯达（北京）国际贸易有限公司液态饲喂创新平台

【平台概述】唯达（北京）国际贸易有限公司是一家从事智能化饲料系统的研究机构、开发工厂。唯达全自动饲喂系统致力于可持续生态农业，打造生态无抗饲喂，为国内猪肉生产保驾护航，造福百姓健康。

【平台创新点】唯达（北京）国际贸易有限公司的创新点是应用智能化技术控制整个饲喂系统，做到及时供料、精准饲喂、称重准确、数据详实。

【平台创新理念】唯达（北京）国际贸易有限公司的创新理念是为适应目前市场升级，唯达（北京）向国内用户提供更加先进的智能饲喂设备，专注于计算机控制的液态发酵无抗饲料、液态料精准饲喂、计算机控制的干料精准饲喂、计算机控制的母猪群养饲喂站、计算机控制的仔猪奶线等。

【平台影响力】唯达（北京）国际贸易有限公司所经营的液态饲喂系统全部采取智能化控制技术，设备精巧、投放准确、机械工艺制造精致，整个

饲料生产工艺，中央厨房设计、配制、中控都十分均匀、完整，一致性完好；在饲料运输过程中坚持精准投放原则，管道内部光滑、无残留。

【平台实力】唯达（北京）国际贸易有限公司生产国际液态饲喂、发酵饲料系统，实施整个饲料生产、运输各环节全自动饲喂系统，致力于可持续生态养殖业，打造生猪产业生态无抗饲喂，为国内猪肉生产安全保驾护航，助力生产优质猪肉，造福百姓健康。

四、北京饲好科技有限公司液态饲喂创新平台

【平台概述】北京饲好科技有限公司成立于 2020 年，是一家专业从事液态料饲喂设备、种猪测定设备、母猪智能饲喂设备等养猪设备研发、生产、销售及技术服务的高新技术企业。公司拥有一支专业的技术团队，注重科技创新，致力于为养殖业提供更加先进、高效、环保的设备。公司已成为国内领先的养猪设备供应商之一。

【平台创新点】北京饲好科技有限公司可以提供猪场不同阶段液态饲喂方案，保育阶段实现从干料到 50% 含水量的粥料饲喂，单套系统饲喂 5 000 头保育猪的自由采食模式，提高 20% 以上的生长速度，根本性地改变行业"保育阶段不能大规模使用液态料饲喂"的认知。

【平台创新理念】北京饲好科技有限公司致力于为全球养猪业提供更加优质、高效、环保、节能的养猪设备和解决方案。公司拥有一支高素质、年轻化、富有活力的技术研发队伍，持续加强技术创新和产品研发，为客户提供更加智能、高效的养猪设备，同时也为企业的可持续发展提供了强有力的支撑。

【平台影响力】北京饲好科技有限公司的主要产品包括：液态料饲喂设备、种猪测定设备、母猪智能饲喂设备等养猪设备。公司严格按照 ISO9001 质量管理体系和 ISO14001 环境管理体系要求进行管理，为客户提供高品质的养猪设备和解决方案。

【平台实力】北京饲好科技有限公司开发的液态料饲喂设备、种猪测定设备、母猪智能饲喂设备等产品科技含量高，是一批年轻人组成的创新团队，系统总结国外同类产品优点和不足，扬长避短，开发适合国内生猪产业的配套产品。

五、广州三只小猪通用设备有限公司液态饲喂创新平台

【平台概述】广州三只小猪通用设备有限公司是一家聚焦智能液体饲喂研发、生产、销售和服务的专业企业，致力于智能液体饲喂领域，为猪场提供

世界级的产品和服务，并给客户带来无与伦比的价值。

【平台创新点】广州三只小猪通用设备有限公司的创新点在于液态饲喂智能化、中央厨房高效化、运输管道清洁化、猪肉品质高档化。

【平台创新理念】广州三只小猪通用设备有限公司致力于国内智能液体饲喂领域的领导者。在液态饲喂领域深耕细作，强化液态饲喂给生猪产业带来猪肉品质改进，充分利用地缘性饲料，降低养猪成本，三只小猪有望在智能液体饲喂器领域成为全球的领导者；未来，三只小猪要实现成为全球智慧农场的领先者、建立世界级的智慧农场、实现世界级的三只小猪的愿景目标。

【平台影响力】广州三只小猪通用设备有限公司在行业内知名度很高，特别是在南方，充分利用地缘性饲料，降低生产成本、节约粮食，尤其在市场低迷时期，降低成本，养猪不与人争粮食很重要。曾获广州市科技型中小企业技术创新资金项目立项；广州市天河区科技计划项目立项；拥有近 10 个广东省高新技术产品；是广东省高新技术企业培育库入库企业、广州市科技小巨人企业。

【平台实力】广州三只小猪通用设备有限公司具有庞大的研发团队，是一支十分优秀的年轻人创新集体。具有 6 项知识产权，其中专利技术 5 项，包括：一种中轴搅拌装置及使用该装置的喂料器、一种搅拌式下料结构及使用该结构的喂料器、喂料器、一种加药喂料装置、加药喂料器等。

六、青岛得八兄弟机械有限公司液态饲喂创新平台

【平台概述】青岛得八兄弟机械有限公司是专业的养猪设备供应商，近年来，主推液态饲喂系统。一直致力于研发和提供科学、高效的养猪设备。技术工程师在畜牧业工程方面有十几年的经验，可以为全球养殖企业设计和提供先进的设备，如母猪产床、不锈钢喂食器、单体栏和一些其他配件。在畜牧设备生产方面有着多年经验。现在，得八兄弟正在成为中国养猪业的高端品牌。除国内市场外，公司的产品主要出口欧洲、澳大利亚、美国和拉丁美洲等地区。

【平台创新点】青岛得八兄弟机械有限公司在液态饲喂领域率先提出中央厨房的重要性，把饲料配方关键控制在中央厨房，把当地可利用的地缘性饲料放在中央厨房，节约粮食，降低成本。

【平台创新理念】青岛得八兄弟机械有限公司得益于可靠的质量和有竞争力的价格，客户与公司建立了长期合作关系，并提供最终用户的反馈，帮助公司改进产品。可根据客户的要求，提供定制和生产服务。同时，还可以从规划、设计、设备安装、农场培训等方面为大中型养猪场提供完整的解决方

案。目前已经在中国、俄罗斯、韩国和越南完成了几家大规模养猪场项目。

【平台影响力】青岛得八兄弟机械有限公司在行业内影响力很大，汲取国外设备优势，改进元器件国产化，改变系统软件国语版，便于操作方便。通过保留国外产品优势，实现易损件、耗材国产化，增强远程控制能力，赢得客户好评。

【平台实力】青岛得八兄弟机械有限公司获得知识产权 21 项，其中专利技术 8 项，包括：一种养殖场无人值守自动喂食装置、一种便于计量的畜禽养殖用喂食饮水装置、一种养殖场温度调节装置、一种智能家畜喂食监管设备、一种养殖环境湿度控制装置、一种养殖环境信息采集装置、一种智能化母猪分娩监测及喂养管理系统、一种凤凰虫饲喂装置等；软件著作权 5 项，包括：智能猪舍养殖环境监测管理系统、智能猪舍温控设备调试管理系统、带有特殊地板升降系统的开放式产床智能系统、怀配妊娠一体式猪栏系统组态设计软件、智能模块化猪舍管控系统软件等。

七、郑州赛尔特智能科技有限公司液态饲喂创新平台

【平台概述】郑州赛尔特智能科技有限公司开发猪场人工智能应用软件，特别是赛尔特液态饲喂系统，基于欧洲先进工艺，自主研发生产，为不同规模的猪场提供设计、生产、安装、人员培训等完整的液态饲喂解决方案。

【平台创新点】郑州赛尔特智能科技有限公司的创新点是赛尔特液态饲喂系统，计算机控制，全自动操作系统控制配料、清洗、饲喂每一过程，可远距离输送大量饲料，根据猪只日龄、数量、品种、胎次及内置数据库计算猪只需求饲喂量，制定饲喂曲线，进行配制、饲喂、记录、反馈。

【平台创新理念】郑州赛尔特智能科技有限公司的创新理念是精细化管理与精准饲喂技术在液态饲喂中体现得淋漓尽致。养猪要做到心中有数，要靠智能化告诉养猪生产者投入品与产出的曲线，给养猪领导者以精确判断。

【平台影响力】郑州赛尔特智能科技有限公司是行业领军企业，用工业自动化原理设计液态饲喂系统，体现设备智能化，操作简便；体现设计工艺严密性，设备更加耐用；饲喂数据数量大，判断更加准确。

【平台实力】郑州赛尔特智能科技有限公司获得专利技术 4 项。走出一条基于欧洲技术工艺，自主研发生产以养殖户需求为导向，坚持实现智能化无人饲喂的液态饲喂之路。

八、河南河顺自动化设备股份有限公司液态饲喂创新平台

【平台概述】河南河顺自动化设备股份有限公司是一家集猪场自动化、智

能化设备研发、生产、销售、服务于一体的高新技术企业。

【平台创新点】河南河顺自动化设备股份有限公司是国内率先研制无残留智能化液态饲喂系统的高科技公司，公司研制的猪场智能化液态饲喂系统，填补了国内产品空白，产房母猪智能液态饲喂机、产房仔猪智能奶妈机、保育仔猪智能保姆机等均处于国内领先水平。产品还包括自动供料系统、自动清粪系统、环境控制系统等猪场智能化装备。公司的宗旨是服务养猪人，让养猪更环保、更赚钱，让猪肉更安全。

【平台创新理念】河南河顺自动化设备股份有限公司以物联网、云技术等新兴技术为依托，专注研制高科技含量的现代化猪场设备，致力于智能化猪场整体解决方案提供商、成为养猪业液态饲喂专家。

【平台影响力】河南河顺自动化设备股份有限公司获得国家专利授权60多项。先后被授予"高新技术企业""河南省创新型试点企业""河南省科技型中小企业""河南省'科技小巨人培育'企业""郑州市农业产业化经营重点龙头企业""河南省养猪智能化装备工程技术研究中心""郑州市企业技术中心"等荣誉称号。产品已销售到全国20多个省市，部分产品出口印度、加拿大等。分别于2010年12月、2013年5月、2016年4月、2019年12月得到CCTV-7《科技苑》、CCTV-7《农广天地》、CCTV-10《我爱发明》、CCTV-1《焦点访谈》栏目专题报道。

【平台实力】河南河顺自动化设备股份有限公司获得知识产权125项，其中专利92项，主要有：一种液态饲料饲喂系统、一种电动液态饲料送料车、一种防结拱装置、一种仔猪液态奶自动饲喂装置、供料装置及饲喂系统、一种液态料水平输送绞龙、一种手推式液态料饲喂车、用于液态料饲喂管道的异物剔除装置、一种用于搅拌罐的注水清洗喷头、一种螺旋饲喂管道等。软件著作权8项，有：猪场饲喂装备智能化控制系统、液态饲喂物联网控制系统、河顺猪场信息化管理系统、种猪测定管理系统、河顺畜牧自动化管理系统、发情鉴定系统、母猪智能化精确饲喂下料机系统、母猪智能化精确饲喂系统等。